HISTOIRE

DES RECHERCHES

SUR LA

QUADRATURE

DU CERCLE.

IMPRIMERIE DE HUZARD-COURCIER,
rue du Jardinet, n° 12.

HISTOIRE

DES RECHERCHES

SUR LA

QUADRATURE

DU CERCLE,

AVEC UNE ADDITION CONCERNANT LES PROBLÈMES DE LA
DUPLICATION DU CUBE ET DE LA TRISECTION DE L'ANGLE.

PAR MONTUCLA.

NOUVELLE ÉDITION REVUE ET CORRIGÉE.

PARIS,

BACHELIER PÈRE ET FILS, LIBRAIRES

POUR LES MATHÉMATIQUES,

QUAI DES AUGUSTINS, n° 55.

1831

AVERTISSEMENT

DE L'ÉDITEUR.

———

Lorsque la première édition de cet ouvrage parut (en 1754), *quelques affaires pressantes et qui obligeaient l'auteur à des absences fréquentes, ne lui ayant permis que de jeter un coup d'œil sur les premières feuilles, à mesure qu'elles s'imprimaient*, il s'y glissa un assez grand nombre de fautes, qui n'étaient pas toutes dans l'*errata* que précédait la phrase ci-dessus.

On s'est appliqué à les corriger avec soin dans cette nouvelle édition; on a cru devoir aussi changer quelques mots pour rendre le style plus clair dans certains endroits, ou en faire disparaître quelques négligences. On a mis au bas des pages un petit nombre de notes indiquées par des chiffres, ce qui les distingue de celles de l'auteur, qui portent de petites lettres. On a rejeté à la fin du livre, sous le titre d'ADDITIONS, celles des notes de l'éditeur qui avaient quelque étendue.

L.c.

TABLE DES MATIÈRES.

CHAPITRE PREMIER.

En quoi consiste la quadrature du cercle; diverses manières de la considérer; quel degré d'utilité on doit lui assigner.

CHAPITRE II.

Tentatives et travaux des anciens pour la mesure du cercle.

CHAPITRE III.

Progrès des recherches sur la quadrature du cercle parmi les géomètres modernes, jusqu'à l'invention des nouveaux calculs.

CHAPITRE IV.

Des découvertes faites sur la mesure du cercle, à l'aide des nouveaux calculs, où l'on esquisse par occasion l'histoire de la naissance du calcul intégral.

CHAPITRE V.

Histoire des quadrateurs les plus célèbres.

CHAPITRE VI.

Addition, contenant l'histoire de quelques autres problèmes fameux en Géométrie , comme ceux de la duplication du cube ou des deux moyennes proportionnelles et de la trisection de l'angle.

FIN DE LA TABLE DES MATIÈRES.

Fautes à corriger.

Page 67, ligne 14, c'est AF qui est le côté du dodécagone, AG est celui du polygone de 24 côtés.

85, lignes 15, 16, 18, 20, 21, les lettres g, h, i, k, l, o, p doivent être marquées d'un accent.

191, ligne 2 en remontant, $\frac{1}{3}$ QH (HI + 4QR) + GF, *lisez* $\frac{1}{3}$ QH (HI + 4QR + GF)

230, 21. GIF, *lisez* GMF

232, 6. *après* une ligne droite, *ajoutez* ab

PRÉFACE

DE L'AUTEUR.

Il est dans les sciences certaines recherches qu'on pourrait à juste titre appeler les écueils de l'esprit humain. Parmi celles à qui mille efforts inutiles ont acquis ce nom, la quadrature du cercle est des plus célèbres; ce n'est pas, on se hâte de le dire, que la Géométrie ne présente des questions plus utiles, plus intéressantes, et, à certains égards, plus difficiles; mais trop relevées pour ceux qui n'ont pas fait de grands progrès dans cette science, elles ne sont guère connues que du petit nombre de ceux qui se sont rendu familières les nouvelles méthodes et les découvertes que nous devons au dernier siècle [1].

A l'égard de la quadrature du cercle, il s'en

---

[1] Ceci était écrit en 1754.

faut beaucoup que sa célébrité soit renfermée dans des bornes si étroites. Plus fameuse et de bien plus grande importance aux yeux de ceux à qui la Géométrie n'est connue que de nom, ou qui y sont à peine initiés, qu'auprès des géomètres habiles ou intelligens, elle ne cesse d'exciter des efforts infructueux ; aucun problème n'a été tenté à plus de reprises, avec des forces plus inégales et plus disproportionnées à sa difficulté. La plupart de ceux qui se livrent à cette recherche ont à peine une idée claire de la question et des moyens qui y conduisent, et qui sont les seuls qu'admet l'esprit géométrique ; c'est cependant de là que partent ces fréquens et pompeux programmes, qui annoncent au public cette découverte brillante et inespérée, qui félicitent leur siècle de voir enfin éclore ce chef-d'œuvre de l'intelligence humaine. La classe la plus élémentaire de la Géométrie est depuis long-temps tellement en possession de fournir seule ces heureux OEdipes, que s'annoncer aujourd'hui comme étant en possession, ou occupé à la recherche de ce problème, c'est élever contre soi le préjugé le plus légitime d'ignorance ou de faiblesse d'esprit.

Malgré l'étendue que semblent acquérir de

plus en plus les connaissances mathématiques, il est si peu de personnes, hors les mathématiciens de profession, qui conçoivent avec netteté ce dont il s'agit dans la quadrature du cercle, que nous avons jugé à propos de l'expliquer avant que d'aller plus loin. Nous avons eu aussi en vue cette classe de lecteurs à qui la multitude des livres, ou le temps que leur enlèvent leurs occupations, ne permet guère d'aller au-delà d'une préface, et qui désirent néanmoins d'acquérir quelque connaissance en tout genre. On a tâché de rendre celle-ci instructive pour eux ; ce qu'on va dire servira à leur faire concevoir distinctement la nature du problème, et à les mettre en état d'apprécier avec justesse de raison ceux qui en annoncent la solution.

L'objet principal et primitif de la Géométrie est de mesurer les différentes espèces d'étendues que l'esprit considère ; mais mesurer n'est autre chose que comparer une certaine étendue à une autre plus simple, et dont on a une idée plus claire et plus distincte. Partant de ce principe, les géomètres ont pris la ligne droite pour la mesure à laquelle ils rapporteraient toutes les longueurs ; le quarré pour celle à laquelle ils rappelleraient les surfaces

quelconques ; le cube enfin pour celle des solides. Ainsi rectifier une courbe, quarrer une
surface, cuber un solide, ne sont autre chose
que déterminer leur grandeur, les mesurer.
Quarrer un cercle n'est donc pas, comme l'i-
magine un vulgaire ignorant, faire un cercle
quarré, ce qui est absurde; ou, comme semblent le croire certaines gens, faire un quarré
d'un cercle; mais mesurer le cercle, le comparer à une figure rectiligne, comme au quarré
de son diamètre, et connaître son rapport précis avec ce quarré; ou enfin, parce que l'un
dépend de l'autre, déterminer le rapport de la
circonférence avec le diamètre [1]. Lorsqu'on
dit un rapport précis, on entend parler de cette
exactitude qui est la vérité même, de cette
exactitude avec laquelle le triangle est la moitié d'un parallélogramme de même base et
même hauteur, et une parabole ses deux tiers.
Quant aux mesures qui ne s'écartent que de
très peu de la vérité, quelque insensible que
soit cet écart, elles satisfont, il est vrai, à la
pratique, parce que celle-ci ne peut jamais
donner que des à peu près; mais l'esprit géo-

---

[1] On peut dire aussi qu'il s'agit de construire un
quarré dont la superficie soit égale à celle du cercle.

métrique ressent toujours une sorte de peine
d'y être réduit, et il s'efforce de la secouer jusqu'à ce qu'il y soit parvenu, ou qu'il ait démontré l'impossibilité de le faire. On chercha
sans doute long-temps le rapport numérique
de la diagonale du quarré avec son côté, et
quelques ignorans le cherchent encore, ou
poussent l'imbécillité jusqu'à l'assigner. Les
vrais géomètres ont cessé leurs poursuites de-
puisqu'ils sont en état de démontrer que cela
est impossible. Il est fort probable que la quadrature du cercle doit être mise dans une classe
semblable; il y a déjà plusieurs siècles que les
habiles géomètres l'ont abandonnée, comme
un sujet qui n'est propre qu'à les épuiser en
efforts inutiles; ils se sont bornés à perfectionner de plus en plus les moyens d'en approcher.
En effet, au défaut d'une exactitude parfaite,
ce qu'ils pouvaient lui substituer de mieux
était un à peu près indéfiniment voisin. A cet
égard, la Géométrie semble n'avoir rien à désirer. *Archimède* démontrait autrefois que la
circonférence était plus grande que le triple et
les $\frac{10}{71}$ du diamètre, et moindre que le triple
et les $\frac{10}{70}$, ou le septième du même diamètre.
La différence de ces deux termes n'est qu'un
497ᵉ; ainsi, il est évident qu'elle n'est qu'en-

viron le 1500e de la circonférence, et qu'en supposant, ce qui approche de la vérité, que cette circonférence est voisine du milieu entre les deux polygones, l'erreur sera à peine d'un 5ooo^e.

Mais les modernes, peu satisfaits de cette approximation, quoique commode dans la pratique et dans certains cas, l'ont considérablement perfectionnée. On sait aujourd'hui que le diamètre étant 1,00000, la circonférence est plus grande que 3,14159, et moindre que 3,14160. Désire-t-on une exactitude plus grande, on fait voir que, supposant ce diamètre de 1,00000 00000, la circonférence surpasse 3,14159 26535, et qu'elle est surpassée par 3,14159 26536. L'erreur est déjà ici moindre que 1 000000 0000e du diamètre; elle est cependant encore énorme et grossière, en comparaison de celle que le géomètre peut prévenir; l'imagination se refuse à en concevoir la petitesse, je dirai presque infinie. Si l'on emploie le rapport donné par M. *de Lagny,* cette erreur sera une moindre partie du diamètre, que l'unité d'un nombre composé de cent-vingt-six chiffres. En supposant les étoiles fixes si éloignées du soleil, que la parallaxe de l'orbite terrestre ne soit que d'une seconde, c'est-à-dire supposant un cercle dont le rayon fût au moins de 4 950 000 000 demi-diamètres de la terre, on ne se tromperait pas de l'épaisseur d'un cheveu sur cette immense circonférence [1]. Mais que dis-je? le rapport donné par *Ludolph Van Ceulen*, rapport composé seulement de trente-cinq chiffres, est déjà plus que suffisant pour prévenir cette erreur. Néanmoins, quelle disproportion de l'exactitude de l'un avec celle de l'autre! Les plus communes notions de l'Arithmétique suffisent pour en donner une idée.

Si l'histoire des efforts que le problème de la quadrature du cercle a occasionés, n'était que celle des pygmées en Géométrie qui l'ont entrepris, elle mériterait bien peu la curiosité des lecteurs; mais les tentatives des géomètres anciens et modernes, pour qui cette recherche a été quelquefois le motif d'autres découvertes très intéressantes, ou qui, désespérant d'atteindre précisément au but, se sont bornés à en approcher de plus en plus, à l'aide de certaines méthodes fort ingénieuses; ces tenta-

---

[1] Le demi-diamètre de la terre est de 1633 lieues de 2000 toises ou 6366 kilomètres.

tives, dis-je, nous présentent des traits dignes d'attention : ce sont proprement les seules dont il sera question ici. Le temps m'est trop précieux pour avoir donné un seul instant à déterrer quelque ridicule auteur de quadrature; si j'ai parlé de quelques-uns d'eux dans un chapitre à part, c'est uniquement de ceux qui se sont présentés à moi dans le cours d'autres recherches.

Quelque peu dignes que soient ces hommes singuliers d'occuper le loisir d'un écrivain judicieux, je ne puis résister à l'envie d'en tracer un portrait, qui sera avoué de tous ceux qui ont eu occasion de traiter avec eux.

Trois sortes de personnes travaillent à quarrer le cercle avec une pleine confiance en leurs succès. Je comprends dans la première classe ces gens qui, sans avoir la moindre connaissance de la Géométrie, ni des moyens qu'elle emploie dans ses recherches, s'engagent dans celle de la quadrature, sans savoir presque en quoi consiste l'état de la question. On les voit proposer, avec une assurance qui excite la pitié, de grossiers mécanismes, incapables même, quand on les admettrait, de conduire à des à peu près de quelque exactitude. Celui-ci entoure le cercle d'un fil délié, et pense avoir par ce moyen la circonférence avec la dernière précision. Il y en a qui, après cette belle opération, partagent ce fil en quatre parties égales, pour faire d'une d'elles le côté d'un quarré qu'ils prétendent égal au cercle. Ils ignorent cette vérité, que la Géométrie démontrait presque encore au berceau, savoir, que, de toutes les figures d'égal contour, le cercle est celle qui renferme le plus d'étendue. On en trouvera qui proposeront de faire rouler un cercle sur un plan bien uni, ou d'en peser un, formé d'une matière bien égale et uniformément épaisse, contre un quarré de même matière; et j'ai vu souvent de ces gens, dont toute la Géométrie consistait à mener mécaniquement une perpendiculaire ou une parallèle, faire, après bien des mystères, l'ouverture de quelqu'un de ces ridicules moyens de quarrer le cercle, et insulter ensuite, par un souris moqueur, aux géomètres qui n'avaient pas su les imaginer.

Il y a d'autres chercheurs de quadrature qui, un peu plus instruits dans la Géométrie, semblent ne s'en servir que pour s'égarer dans un labyrinthe de paralogismes. Les premiers dont j'ai parlé, gens du moins peu incommodes, se contentent avec une espèce de satisfaction philosophique d'être en possession du secret; mais ceux de la seconde classe ne manquent guère de fatiguer les géomètres, et surtout les académies, par leur importunité à solliciter l'examen et le jugement de leur prétendue découverte; ils la portent de tribunal en tribunal, c'est-à-dire d'académie en académie; de celles de la province, car elles ont souvent des quadratures à examiner en premier ressort, à celle de la capitale. Ils se plaignent avec amertume d'une espèce de déni de justice, quand on refuse de les écouter, et ils manquent rarement de récuser leurs juges, ou de les prendre à partie s'ils en sont condamnés [1]. Vainement viendra-t-on quelquefois à bout de leur montrer la faiblesse de leurs raisonnemens : bientôt l'édifice est réparé; bientôt engagé dans un dédale aussi tortueux que le premier, notre pauvre quadrateur vient de nouveau harceler son juge : heureux celui-ci, quand il peut promptement l'obliger à le récuser et à le citer devant le public, en lui

---

[1] En 1778, un quadrateur fit assigner l'Académie des Sciences devant un tribunal de justice : celui du Châtelet de Paris.

dévoilant sa découverte. Une espèce de fatalité semble avoir ordonné que tous ceux qui se persuadent une fois d'être en possession de la quadrature du cercle, vivront et mourront dans cette persuasion intime. C'est une manie qui, pire que celle du héros de la Manche, ne les quitte pas même dans leurs derniers momens; il n'en est aucun qui manque d'en appeler au jugement d'une postérité plus équitable, à moins que, de mauvaise humeur contre leur siècle, ils n'aiment mieux s'en venger en cachant leur secret. « Ingrats contemporains, » siècle barbare ! s'écriait un d'eux dans ses » derniers instans, je voulais vous enseigner » la plus belle découverte qui ait jamais été » faite, je voulais vous désabuser des erreurs » grossières dont vous portez le joug ! vous » m'avez rebuté : hé bien, je sortirai de ce » monde sans l'éclairer. » Effectivement, il mourut sans faire part de son précieux secret, et les géomètres n'ont pas eu la complaisance de le regretter.

Il y a une troisième espèce de quadrateurs, plus singuliers encore, mais moins incommodes, en ce que leur manière de penser a bientôt terminé l'examen de leur découverte. Ce sont ces esprits d'une trempe, ce me semble, inconnue aux siècles passés, qui savent se jouer des principes les plus évidens de la Géométrie, qui ont le courage de heurter de front les axiomes du sens commun. M. *Liger,* je ne le nomme que parce qu'il s'est nommé si souvent dans les Mercures et ailleurs; M. *Liger* vous dira, avec une grande assurance, que le tout n'est pas plus grand que la partie; que la racine quarrée de 288 est exactement la même que celle de 289; que 50 a la même racine que 49, etc. Il fera plus, il entreprendra de vous le prouver par un mécanisme à peine capable d'en imposer à l'artisan grossier qui le pratique. Il établit enfin une Géométrie toute nouvelle sur les débris de l'ancienne. Prétendre désabuser des esprits de cette espèce, c'est vouloir perdre son temps : quand on est venu à un pareil excès de rêverie, on a perdu le droit d'être frappé de l'évidence.

J'ai souvent remarqué avec surprise combien peu ceux qui se livrent à rechercher la quadrature du cercle, ou qui croient la posséder, sont instruits de ce que les géomètres ont trouvé sur ce sujet; à peine connaissent-ils les plus simples approximations; et, à coup sûr, la manière dont on y est parvenu leur

est absolument inconnue; car il est métaphysiquement impossible que, les connaissant, on
se fasse illusion : aussi leur ignorance à cet
égard est extrême; j'en appelle au témoignage
intérieur des quadrateurs, sans doute en grand
nombre, qui liront ceci.

Cette remarque m'a porté à croire qu'un
moyen peut-être efficace de diminuer le nombre de ceux qui s'adonnent à cette recherche,
était de rassembler, sous un même point de
vue, les découvertes réelles de la Géométrie
sur ce problème fameux. Il est, en effet, à
présumer que, si les vérités qu'on a exposées
plus haut et plusieurs autres qu'on développe
dans le cours de cet ouvrage, étaient plus universellement connues, on verrait moins de
ces malheureuses victimes d'une entreprise mal
réfléchie. A la vérité, j'espère peu de ceux qui
ont déjà résolu le problème; la plupart sont
dans la disposition prochaine de nier les vérités les mieux établies, dès que la contradic-
diction les y conduira. Le coup est porté, et
l'on peut leur appliquer ce vers d'*Horace*,

Et tribus Anticyris caput insanabile...

(*Ars poet.*, v. 300.)

Mais je ne doute point que cette histoire ne

soit propre à préserver du même travers ceux qui n'ont point encore l'esprit préoccupé. Elle pourra aussi servir à rendre le repos à quelques personnes de bonne foi, qui, privées des moyens de s'informer de ce qu'on a déjà fait, s'épuisent en efforts inutiles. Les gens sensés à qui la Géométrie est peu connue, pourront prendre ici une connaissance exacte de la question, et porter un jugement sain et équitable sur les prétentions de ceux dont la vaine confiance pourrait peut-être leur en imposer. Pour écarter enfin cette foule de quadrateurs qui obsèdent les académies, ne pourrait-on pas les obliger à s'instruire ici, comme par un préliminaire, des vérités reçues, de l'aveu unanime des géomètres, sur la grandeur du cercle? Les réduisant par ce moyen ou à les contester ou à les admettre, ils seront, dans le premier cas, indignes d'être écoutés; et, dans le second, la conviction intime de leur erreur sera peut-être bien prochaine : je dis peut-être, car je n'oserais l'assurer : l'ignorant, de même que l'homme de mauvaise foi, sait se ménager mille ressources que tout autre n'aurait jamais imaginées.

J'ai enfin pensé que cette suite de découvertes sur la mesure du cercle, rassemblées sous le même point de vue, pouvait former un spectacle propre à flatter la curiosité des géomètres. Plusieurs d'entre elles méritent l'attention des plus habiles, comme tenant de près au développement et à la perfection que la Géométrie a reçue dans le dernier siècle. C'est ce que l'on verra clairement dans le chapitre IV, où j'expose les inventions successives de *Wallis*, *Brouncker*, *Newton*; inventions toutes liées ensemble et aboutissant au calcul intégral et à plusieurs autres méthodes analytiques de grande importance.

L'utilité qui paraît devoir résulter d'un ouvrage de cette nature, et l'agrément qu'il présente pour ceux qui sont un peu curieux de connaître les pas de l'esprit humain, avaient, ce semble, frappé avant moi un analyste habile (M. *de Lagny*) : le *Commercium philosophicum et mathematicum*, [a] entre *Leibnitz* et *Bernoulli*, nous apprend qu'il l'avait projeté. Ce géomètre, le fléau des quadrateurs de son temps, était en état de remplir parfaitement cet objet, et j'ai été surpris de voir que M. *Leibnitz*, dans le même recueil de lettres, semble se défier de

_____

[a] Pages 300, 302, IIe vol.

sa capacité, et craindre qu'il ne donnât qu'un ouvrage imparfait, à moins qu'il ne le lui communiquât ou à M. *Bernoulli.* J'ai recherché quelle pouvait être la cause d'une défiance si mal fondée, et je pense l'avoir trouvée. *Leibnitz* craignait apparemment que M. *de Lagny* n'ajoutât trop de foi à ce qu'il appelait les calomnies des Anglais, au sujet de ses découvertes dans les nouveaux calculs, dont l'une est la quadrature du cercle exprimée par une suite infinie de nombres; découverte dont il fut pendant long-temps fort jaloux, et que les Anglais l'ont accusé d'avoir empruntée de *Gregory.* D'un autre côté, M. *de Lagny*, quoique connaissant les calculs de l'infini, fut toujours un de ceux qui négligèrent avec affectation d'en faire usage; et peut-être, à cet égard, était-il à craindre en effet qu'il ne leur rendît pas toute la justice qui leur était due. Je saisis cette occasion de justifier un autre académicien encore vivant, qu'on voit traité dans le même endroit avec autant d'injustice [1]. Celui-ci méritait encore moins d'être enve-

---

[1] C'est *Nicole* : il était né en 1683 et mourut en 1758.

loppé dans ce jugement précipité, qui n'avait aucun fondement, si ce n'est que l'un et l'autre de ces académiciens n'étaient point connus de *Leibnitz.* Mais comment le dernier l'aurait-il été, puisqu'il ne faisait alors que d'entrer dans la carrière de la Géométrie? Les savans mémoires qu'il a donnés bientôt après dans les recueils de l'Académie, et qui prouvent qu'il était dès lors également versé dans l'une et l'autre analyse, auraient non-seulement calmé les craintes de *Leibnitz,* mais lui auraient attiré son estime.

Je n'ai rien dit, dans le cours de cet Ouvrage, de l'auteur de l'étrange *prospectus* et de quelques autres pièces de la même nature, qui nous annoncèrent l'été passé la quadrature du cercle. Par égard pour son nom et ses autres qualités qui le rendent estimable à ceux qui le connaissent, en même temps qu'ils le plaignent de sa manière de penser, qui n'a peut-être jamais eu d'exemple, je voulais me taire sur la singularité de ses prétentions, malgré le bruit qu'elles faisaient dans le monde. J'espérais que quelques amis ou versés, ou du moins plus instruits dans la Géométrie, le remettraient sur la voie de la vérité; mais la publication de sa prétendue quadrature, dans un

petit in-4° magnifiquement orné de cartou-
ches, vient de m'apprendre qu'apparemment
on y a travaillé sans succès ; et j'ai cru ne pouvoir me dispenser d'en porter le jugement
qu'elle mérite. Les siècles à venir croiraient-
ils, si ce monument ne le leur attestait, qu'on
ait pu avancer des propositions aussi absurdes,
aussi directement contraires à la saine raison,
que celles sur lesquelles cet auteur appuie sa
prétendue découverte, et qu'il substitue aux
axiomes jusqu'ici reçus de l'aveu de tous les
hommes ? Deux figures ne sont plus égales
quand elles se touchent dans tous leurs points,
dans toute leur étendue ; il suffit, suivant M. *de
Causans*, qu'elles se touchent dans quelques
points, c'est-à-dire dans ceux où elles peuvent
se toucher. De là, suit aussi ce nouveau principe, digne rejeton d'un axiome de cette espèce, que la partie est égale au tout. Que
dis-je ? que dans chaque tout on peut assigner
plusieurs parties qui lui soient égales. Aussi le
quarré est, dit-il, précisément égal au cercle
qu'il renferme, et même celui-ci à une autre
figure dont les angles saillans s'appuient seulement sur sa circonférence. L'auteur enfin détermine la figure de la terre, les longitudes,
la déclinaison de l'aiguille aimantée, sur des

raisons qui n'en seraient ni plus ni moins va-
lables, quand la terre serait de forme cubique
ou pyramidale. Je me couvrirais de ridicule
auprès des lecteurs sensés, si j'entreprenais
d'opposer les moindres raisonnemens à ces prétentions. Il n'est personne, faisant usage de sa
raison, qui ne soit persuadé que les vérités
métaphysiques contestées par M. *de C.* sont
plus certaines qu'il ne l'est que jamais son
prospectus singulier ait vu le jour, qu'il y
ait eu des souscriptions ouvertes pour pa-
rier contre lui, et qu'il ait publié sa quadrature. Pour tout autre enfin que lui-même,
elles sont plus incontestables que son existence
propre.

Au reste, il est bien facile de reconnaître la
cause de l'erreur de M. *de C.* : elle a sa source
dans la méprise où il donne sur la simple dé-
finition de l'angle et sur ce qui le constitue.
La surface renfermée entre ses côtés, la longueur de ces côtés n'entrent pour rien dans la
grandeur d'un angle, et cette grandeur ne sert
à rien pour déterminer la surface qu'il renferme avec une troisième ligne qui le borne.
M. *de C.* suppose néanmoins le contraire,
et en fait le fondement de sa quadrature.
C'est en savoir encore trop peu en Géomé-

trie, pour prétendre redresser les idées des
géomètres [1].

---

[1] Les choses ne sont pas changées depuis la publication de l'ouvrage de *Montucla*. Sans cesse de
nouveaux quadrateurs assiégent les corps savans, avec
des paralogismes plus ou moins grossiers, mais qu'ils
soutiennent toujours avec un entêtement et une jac-
tance invincibles.

HISTOIRE

DE LA

QUADRATURE

DU CERCLE.

~~~~~~

CHAPITRE PREMIER.

*En quoi consiste la quadrature du cercle ;
diverses manières de la considérer ; quel
degré d'utilité on doit lui assigner.*

I.

Quarrer le cercle, ou, pour s'énoncer plus
généralement, une figure quelconque, c'est
assigner l'étendue précise qu'elle renferme.
Une raison fort naturelle a donné lieu à cette
manière de parler. Le quarré est, de toutes
les figures, la plus simple, la plus aisée à mesurer, une seule de ses dimensions étant connue. Cela fit penser aux géomètres qu'ils ne
pouvaient donner une idée plus distincte de
la grandeur d'une surface quelconque, qu'en
déterminant le quarré qui l'égalerait ; de là,

mesurer une figure, quarrer une figure, de-
vinrent et sont encore des termes synonymes
en Géométrie.

II.

Il s'agit donc, dans la quadrature du cercle,
de trouver l'étendue du cercle, comme, dans
la Géométrie élémentaire, on trouve celle
d'un triangle ou d'une figure rectiligne ; je
veux dire, avec cette exactitude et cette précision qui sont la vérité même. Cette comparaison me servira encore à faire sentir quelle
est la nature des voies que la Géométrie admet
seules pour y parvenir. Il serait ridicule de
mesurer, le dirai-je, avec un compas, ou un
fil, ou de telle autre manière mécanique qu'on
voudra, la hauteur d'un triangle, lorsque ses
côtés donnés, ou telles autres conditions du
problème, suffisent pour déterminer cette hauteur : c'est au raisonnement seul à le faire. Il
en doit être de même dans la question présente : il y a un rapport entre l'étendue du
cercle et celle du quarré de son diamètre, entre
la longueur de ce diamètre et la circonférence,
il y a, dis-je, un rapport déterminé et lié
avec les propriétés du cercle : on ne doit donc
employer, pour parvenir à sa connaissance,

que le raisonnement et le calcul fondés sur ces propriétés. Toute voie mécanique est interdite; l'esprit géométrique s'en indigne et la rejette, non par une fausse délicatesse, mais parce que, quelque perfection qu'on lui supposât, aucune d'elles n'est capable de conduire à la même exactitude que le raisonnement. Je demande pardon aux géomètres d'entrer dans ce détail; mais je les prie en même temps de faire attention que, quelque élémentaire qu'il soit, il n'est encore que trop de personnes à qui il peut être utile, et qui, sans cet avis, seraient capables de tenter ces moyens réprouvés par la Géométrie.

III.

On appelle *quadrature absolue* celle que je viens de décrire, et par laquelle on a exactement et précisément la grandeur d'une figure. On quarre ainsi la parabole et plusieurs autres figures curvilignes; on fait plus, on connaît aussi avec cette exactitude l'étendue d'un grand nombre de segmens de surfaces courbes, soit sphériques, cylindriques, coniques, etc. Je ne nomme ici que les plus connues; mais il y en a un plus grand nombre encore que l'on désespère de connaître jamais dans cette perfection; et parmi celles qui résistent ainsi à tous les efforts de la Géométrie, le cercle se présente le premier.

IV.

On s'étonnera, sans doute, que ce qui est si facile dans les figures rectilignes devienne tout à coup si difficile dès le premier pas que l'on fait vers les figures courbes; la surprise augmentera même en faisant attention qu'un grand nombre de figures, en apparence moins simples que le cercle, sont cependant susceptibles de quadrature absolue. Je vais tâcher d'en donner une raison : ne serait-elle point que cette simplicité attribuée au cercle n'est qu'imaginaire, et nullement celle de la nature? Sur quel motif, en effet, regardons-nous le cercle comme plus simple que les autres figures? Nous y sommes déterminés par l'uniformité de son contour, par l'égalité constante des lignes tirées de son centre à sa circonférence, égalité qui facilite beaucoup sa description. Mais ces avantages s'évanouissent aux yeux du géomètre qui analyse les propriétés de cette figure; il n'y voit qu'une espèce particulière d'ellipse, dans laquelle l'égalité accidentelle de deux lignes a rendu égales toutes celles qui s'étendent de son centre à sa circonférence. Du reste, cette égalité n'influe en rien sur les rapports de ses ordonnées aux abscisses, sur celui des polygones inscrits et circonscrits qui le limitent. Les courbes où ces rapports sont plus simples, comme la parabole, quoique moins régulières à nos yeux, sont absolument quarrables : le cercle où il est plus compliqué sera probablement toujours rebelle à la Géométrie.

V.

Lorsque les courbes ne sont pas susceptibles de quadrature absolue, les géomètres se bornent à substituer à la vérité, un à peu près qui n'en diffère qu'insensiblement. C'est là, ce qu'on appelle *quadrature approchée;* expédient, il est vrai, toujours employé avec regret, mais néanmoins fort souvent nécessaire: il a fallu y recourir pour le cercle, et peut-être la Géométrie y a plus gagné que si l'on eût bientôt trouvé sa quadrature absolue. L'impossibilité d'y parvenir a d'autant mieux fait éclater la sagacité et l'esprit de ressource des habiles géomètres; elle a été le motif d'une foule d'inventions qu'ils ont imaginées pour atteindre le but ou pour en approcher. On en trouvera des exemples remarquables dans la suite de cette Histoire.

VI.

La nature du cercle établit une telle liaison entre la mesure de son aire et la longueur de sa circonférence, que l'une étant connue, l'autre l'est aussi nécessairement. On aura donc également la solution du problème, soit qu'on détermine immédiatement quelque espace rectiligne égal au cercle, soit qu'on trouve une ligne égale à sa circonférence. Avant *Archimède*, inventeur de ce rapport, on tentait le premier moyen; depuis lui, jusqu'à la nouvelle Géométrie, les efforts des géomètres s'étaient principalement tournés vers la dimension de la circonférence : il est aujourd'hui libre de choisir l'une ou l'autre de ces deux voies; les nouveaux calculs s'y prêtent également. Mais, il faut bien le remarquer, cet avantage est particulier au cercle; c'est peut-être la seule figure courbe dont la rectification et la quadrature tiennent de si près l'une à l'autre [1].

---

[1] En général, la détermination d'une ligne droite égale à l'arc quelconque d'une courbe, est ce qu'on ap-

VII.

On sait encore que la détermination du
centre de gravité d'un arc ou d'une portion
quelconque de cercle, la tangente de la spirale
et de plusieurs autres courbes, la terminaison
de la quadratrice, donneraient la quadrature
du cercle; mais tous ces problèmes en dépendent eux-mêmes, comme je le fais voir ailleurs,
si intimement, que de quelque manière qu'on
les envisage, c'est toujours elle qui se présente
la première. Ils ne sauraient jamais servir de
moyens pour y parvenir.

VIII.

Les géomètres distinguent deux manières
de quarrer les courbes, bien inégales en perfection; ils nomment l'une *définie*, et l'autre
indéfinie. En appliquant ceci à l'objet présent,
la quadrature définie du cercle serait la mesure de son aire, ou entière, ou seulement de

---

pelle sa *rectification*. Descartes croyait que *la proportion entre les droites et les courbes ne pouvait être
connue par les hommes* (Géométrie, édit. de 1637,
p. 340; et *Jacobi Bernoulli Opera*, t. II, p. 680);
mais, peu après sa mort, on découvrit une infinité de
courbes rectifiables.

quelque segment déterminé, comme CDBP,
ou APB (*fig.* 1), les lignes CP, ou PA, ou AE
ayant, au rayon, une certaine raison déterminée. Si quelque méthode donnait en général
la quadrature d'un segment quelconque, quel
que fût le rapport de CP, ou PA, ou AE, avec
le rayon, on aurait la quadrature indéfinie du
cercle. Ce serait peu faire, on ose le dire,
pour la Géométrie que de trouver la première.
Pour résoudre le problème dans toute son
étendue, il faudrait assigner la dernière; et il
y a encore loin de l'une à l'autre; car pour
passer de la quadrature définie du cercle à
celle de ses parties quelconques, il resterait à
résoudre ce problème, plus difficile que le premier : *trouver la raison de deux arcs dont on
connaîtrait les sinus ou les tangentes,* etc.
Pour le dire, en un mot, la quadrature indéfinie du cercle et de ses parties est autant
au-dessus de celle qui occupe infructueusement les vulgaires quadrateurs, que celle-ci
est au-dessus de la mesure des surfaces rectilignes.

IX.

Il est à propos de discuter, avant d'aller
plus loin, quel est le degré d'utilité de la quadrature du cercle, soit absolue, soit appro-

chée. Quant à la première, nous pensons, avec M. *de Maupertuis* [a], que la Géométrie présente aujourd'hui quantité de recherches plus intéressantes. La quadrature définie du cercle ne serait presque d'aucune utilité : les travaux des habiles géomètres, dont j'exposerai bientôt les découvertes, ont fait connaître son rapport avec les figures rectilignes assez exactement pour n'avoir presque rien à désirer; et j'ai rendu sensible, par un exemple frappant (p. 6), la prodigieuse exactitude à laquelle il est aisé d'atteindre. Il y aurait quelque avantage, j'en conviens, dans la quadrature indéfinie, ou autrement l'intégration absolue de quelques-unes de ces formules, $dx \sqrt{aa - xx}$, ou $dx \sqrt{2ax - xx}$, ou $\dfrac{adx}{\sqrt{aa - xx}}$, ou, etc.

Mais, je le remarque encore, c'est moins à cause du cercle que les analystes le désireraient, que parce qu'on aurait par là la mesure absolue d'une infinité d'autres courbes qui dépendent d'expressions de cette forme. Comme il est non-seulement probable, mais bien démontré (*voyez* le chap. III, §§ X et XI), qu'on n'y parviendra jamais, on regarde

---

[a] Lettre sur le progrès des sciences.

comme résolu tout problème qui conduit légitimement à la quadrature du cercle ou de l'hyperbole ; et il l'est en effet, même dans la pratique, puisque l'on a des méthodes assez simples pour trouver, avec une exactitude presque indéfinie, la grandeur d'un arc ou d'un segment circulaire quelconque. Que manque-t-il donc aux arts, à la Géométrie même, dans l'absence de la quadrature absolue du cercle? rien du tout. Une détermination probablement enveloppée dans des rapports très compliqués, serait une stérile connaissance pour l'esprit humain ; on aurait plus d'obligation, je le dis avec confiance, à celui qui réduirait la rectification de l'ellipse et de l'hyperbole aux quadratures de ces deux courbes.

X.

Je ne remarque presque qu'à regret, et comme un trait de simplicité, la croyance où sont la plupart des chercheurs de la quadrature du cercle, que les souverains, s'intéressant aux travaux des géomètres, ont promis une récompense considérable à celui qui y réussirait. D'autres, aussi simples, ou même plus simples encore, se sont imaginé que le problème des longitudes en dépendait. Ajoutons à ces pré-

tentions celle que les plus grands géomètres
ont recherché ou recherchent la quadrature
du cercle, comme si ce problème était l'objet
unique et le but de toute la Géométrie. Ce
sont là trois points sur lesquels ces bonnes gens
ne manquent guère d'insister beaucoup [a] :
il faut les en désabuser. Il n'y a aucune récompense promise ou à espérer pour celui
qui quarrera le cercle. Il est ridicule de prétendre que les longitudes en dépendent. La
raison de la circonférence au diamètre n'entre
pour rien dans aucun problème de navigation;
et si quelqu'un la supposait, comme c'est un
problème de pure pratique , il serait plus que
suffisamment résolu par quelqu'une des plus
simples approximations du cercle : celle de
Métius, par exemple, qui diffère de la vérité
de moins d'un 1 000 000ᵉ, et dont l'erreur sur
toute la circonférence de la terre ne va pas
à 21 toises [1]. Il y a aussi peu de réalité dans
les prétendues recherches des grands géomètres sur la quadrature du cercle : nous en
avons assez dit, dans l'article précédent, pour

---

[a] *Voyez* le sieur Basselin, dans sa *Quadrature*.

[1] La circonférence du méridien étant de 40 000 000
de mètres, la 1 000 000ᵉ est seulement de 40 mètres.

faire connaître qu'ils ont eu des vues plus générales en la recherchant. C'est en avoir d'ex-
cessivement bornées en Géométrie, que de n'y
voir rien de plus intéressant que cette question.
Je reviens à mon sujet.

XI.

Quant à la quadrature approchée du cercle
et des figures courbes, il est évident, pour qui
connaît l'objet de la Géométrie, qu'elle devient nécessaire dès qu'on suppose la mesure
absolue impossible, ou encore inconnue. Mille
problèmes, soit dans les Mathématiques pures,
soit dans les sciences physico-mathématiques,
ramènent sans cesse à cette mesure. Il n'en
faut pas davantage pour justifier les géomètres
de leurs peines à se procurer des approximations si peu différentes de la vérité, qu'elles
puissent en tenir lieu dans tous les cas. S'ils
ont quelquefois passé les bornes de cette nécessité, on le leur pardonnera quand on aura
fait attention que c'est à cette curiosité, en apparence inutile, quoique souvent justifiée par
les plus heureuses découvertes, que toutes les
sciences doivent leur avancement.

CHAPITRE II.

Tentatives et travaux des anciens pour la mesure du cercle.

I.

Il est dans l'ordre des progrès de l'esprit humain que la mesure du cercle se soit fait désirer bientôt après qu'on eut trouvé celle des figures rectilignes. Ces objets de la Géométrie naissante arrêtèrent peu les premiers qui la cultivèrent; et, à en juger par d'autres découvertes faites dès le temps de *Thalès* et de *Pythagore*, ou peu après eux, ils furent bientôt au-dessus de ces faibles objets de spéculation. On peut donc conjecturer que les premiers efforts pour mesurer le cercle ont une date presque aussi ancienne que la naissance de la Géométrie chez les Grecs.

II.

On ne peut douter du moins que près d'un siècle et demi après cette époque, le problème ne commençât à occuper les géomètres. *Plu-*

tarque [a] nous en fournit une preuve, en nous apprenant que le philosophe *Anaxagore* [b] s'en occupa dans sa prison, qu'il y composa même un ouvrage à son sujet. Nous ignorons au reste entièrement quelles furent ses prétentions, s'il crut avoir réussi, ou s'il informait seulement les géomètres des difficultés qui s'étaient présentées à lui dans sa recherche. Cette dernière opinion est plus probable, si nous faisons attention aux éloges que lui donnait *Platon* [c] sur sa grande habileté en Géométrie.

III.

Quoi qu'il en soit, bientôt après cette tentative le problème de la quadrature du cercle devint très célèbre. Il l'était dès le temps de *Socrate*, et sortant des écoles des philosophes il avait déjà excité la curiosité du vulgaire. *Aristophane* en saisissait l'occasion pour plai-

---

[a] Traité *de exilio*.

[b] *Anaxagore de Clazomène*, le quatrième chef de la secte ionienne, vivait vers l'an 480 avant Jésus-Christ. Il fut contemporain de *Périclès*, qui lui sauva la vie, ayant été accusé d'impiété, pour avoir pensé que les astres étaient matériels.

[c] Proclus, *Comm. in Eucl.*, p. 38.

santer dans sa comédie des *Oiseaux* : « Je vais, fait-il dire à un géomètre qu'il introduit sur la scène, la règle et l'équerre en main, vous quarrer le cercle. » Le peuple d'Athènes avait probablement le même penchant que le vulgaire d'aujourd'hui, à donner à ces paroles un sens absurde, et le poète s'en prévalait pour l'exciter à rire. La note d'un scholiaste grec, qui sur cet endroit remarque savamment qu'il est impossible qu'un cercle soit quarré, confirme le sens que je donne à ces paroles. Il est bien plus naturel que de penser qu'*Aristophane* eût en vue les fausses solutions des mauvais géomètres, et leurs erreurs déjà multipliées sur ce sujet; cela ne serait bon qu'auprès d'un peuple de mathématiciens [1].

Au reste, je remarque sur cet endroit d'*Aristophane* une particularité qui me paraît peu connue, quoiqu'elle n'ait pas échappé à ses

---

[1] *Montucla* se donne ici une peine inutile pour établir un sens qui est tout-à-fait explicite dans *Aristophane*; le personnage ne dit point *quarrer le cercle*; mais *faire un cercle quarré*. La première expression serait peut-être trop savante, mais non pas ridicule (*voy.* plus haut, p. 4) ; tandis que la seconde, dont les termes sont contradictoires, motive un peu la remarque du scholiaste. C'est ainsi que le passage se trouve dans

commentateurs, c'est que ce comique jouait dans cette scène le fameux *Méton*, auteur du *Cycle lunaire* (a). Le nom qu'il donne à ce personnage, et les discours qu'il lui fait tenir, ne laissent aucun lieu d'en douter ; car l'autre interlocuteur lui demandant « qui il est, » le géomètre lui répond : « Je suis Méton, cet homme bien connu des gens de la campagne et de toute la Grèce. » Ces particularités conviennent parfaitement à *Méton* l'astronome, à cause de son invention reçue avec tant d'applaudissemens, et des sortes de *calendriers* que les astronomes publiaient déjà, et qui étaient principalement à l'usage des navigateurs et de ceux qui cultivaient la terre. Plusieurs autres discours ridicules concernant l'Astronomie, que tient *Méton* dans cette scène, donnent un nouveau poids à ce qu'on vient de dire. Cet endroit d'*Aristophane* peut encore avoir trait

---

les meilleures traductions, soit latines, soit françaises, et notamment dans l'édition d'*Aristophane* donnée par *Brunck* en 1781, tome II de la version latine, p. 127, lig. dern. Le texte grec (tome II, p. 198, vers 1005), y est bien conforme. *Voyez* enfin la 2ᵉ édit. complète du *Théâtre des Grecs,* par le P. Brumoy, tome XIV, p. 62 et 176.)

(a) Environ 430 ans avant Jésus-Christ.

à une circonstance de la vie de *Méton*, savoir, à la folie simulée par laquelle il sut habilement s'exempter d'aller à l'expédition de Sicile, si funeste pour tous ceux qui y eurent part. *Méton*, ou manquant de courage, ou prévoyant la mauvaise issue qu'elle aurait, contrefit l'insensé, comme autrefois *Ulysse* pour ne point aller à la guerre de Troye, et probablement il dut la vie à cette adresse[1].

IV.

Ces plaisanteries d'un comique qui n'épargnait pas les hommes même les plus respectables, témoin le sage *Socrate*, n'empêchèrent pas *Hippocrate de Chio*, géomètre célèbre, et environ du même temps, de tenter le problème. La Géométrie y gagna une découverte remarquable, du moins pour ce temps-là. Quoique personne n'ait encore pu réussir à quarrer le cercle entier, *Hippocrate* trouva la quadrature d'une de ses parties; c'est ce que nous appelons aujourd'hui la *lunule* ou les *lunules d'Hippocrate*, à cause de leur

---

[1] Ce trait de *Méton* est rapporté par Plutarque, dans la Vie d'*Alcibiade*. (*Voyez* la trad. d'*Amyot*. § XXXI.)

figure semblable à celle d'un croissant. Cette découverte est aujourd'hui si connue, même de ceux qui ne se sont jamais élevés au-dessus de la Géométrie élémentaire, que je puis me dispenser de l'expliquer ; je le fais d'autant plus volontiers, que je me ménage par là un peu plus d'étendue pour des choses plus intéressantes [1].

V.

Rien n'était plus propre à entretenir une espérance flatteuse de la quadrature du cercle que cette découverte. *Hippocrate* s'y livra en effet, et elle le conduisit à un malheureux naufrage, si nous prenons à la rigueur ce que disent *Aristote* et *Eudemus* l'historien, de la Géométrie ancienne, cité par *Simplicius*. Tel était le raisonnement d'*Hippocrate*, suivant ces auteurs. Il inscrivait à un demi-cercle A (*fig.* 2) un demi-hexagone, et sur chacun des côtés il décrivait les demi-cercles B, C, D, puis un

---

[1] Comme cette proposition est plus curieuse qu'utile, elle a disparu de la plupart des élémens ; j'ai donc cru devoir la donner dans une des ADDITIONS que j'ai placées à la fin de l'ouvrage, et où l'on trouvera quelques supplémens dont cet article et les suivans pourraient avoir besoin.

quatrième E, à part. Après quoi il raisonnait ainsi : ces quatre demi-cercles, disait-il, sont égaux au plus grand A [1]; ôtant donc ce qu'ils ont de commun, savoir les trois segmens *b*, *c*, *d*, on aura les trois lunules B, C, D, et le demi-cercle E égaux à l'hexagone A. Qu'on ôte donc, continuait-il, de cet espace rectiligne la valeur de ces trois lunules, le restant sera égal au demi-cercle E.

Le faible de ce raisonnement est si aisé à sentir, que, malgré l'autorité des historiens que j'ai cités, je ne puis me persuader qu'*Hippocrate* en ait été séduit : en effet, il est visible que ces lunules ne sont point celles dont il avait précédemment donné la quadrature. Comment accorder une inattention si grossière avec la sagacité que d'autres découvertes lui supposent ? Toujours porté à juger favorablement de ceux qui ont bien mérité des sciences, je crois qu'il faut donner quelque autre sens à cela. *Hippocrate* ne voulait-il point proposer un moyen qu'il jugeait propre à conduire quelque jour à la quadrature du cercle ? Il avait quarré une espèce de lunule, il pouvait

[1] Puisque le diamètre de celui-ci est double du diamètre des autres.

espérer que quelque autre, plus heureux, quar-
rerait un jour une de celles qui entraient dans
son raisonnement. Dans ce cas, voilà, disait-il,
la quadrature du cercle trouvée. C'est ainsi
qu'il transformait le problème de la duplication du cube en un autre, savoir, en celui de
l'invention des deux moyennes proportionnelles. Au reste, j'abandonne ce géomètre à
son mauvais sort, dans l'esprit de ceux qui
croiront devoir déférer davantage aux témoi-
gnages d'*Aristote*, d'*Eudemus* et d'*Eutocius*,
qu'à mes réflexions. Je remarque seulement
que les services réels qu'il rendit à la Géométrie de son temps, doivent effacer de son nom
la tache que cette erreur y laisserait imprimée,
s'il n'était connu que par elle [a].

---

[a] Quoique la découverte de la lunule d'*Hippo-*
crate soit des plus élémentaires, plusieurs géomètres
modernes de la première classe semblent s'être plu à
l'illustrer par diverses additions ingénieuses. M. *de*
Tchirnausen a annoncé (*Act. de Leipsic*, 1687, p. 524),
que, tirant une ligne quelconque du centre C (*fig. 3*),
l'espace courbe AID était encore absolument quarrable,
et qu'il était égal au triangle rectiligne ACH, déterminé
par le pied de la perpendiculaire DH à AB. La même
chose à peu près a été rencontrée par M. *Jean Perks*, qui
égale à cet espace le triangle ADF, ce qui est plus aisé

VI.

Nous devons à *Aristote* la mémoire de deux géomètres qui prétendirent contribuer de

..

à apercevoir. (*Trans. phil.*, 1699, p. 411, et *Act. de Leipsic*, 1700, p. 306.) Voici la démonstration de l'une et de l'autre. L'arc AI qui mesure l'angle ACI qui est à son centre, est semblable (*) à la moitié de l'arc AD qui mesure le même angle, parce qu'il est à la circonférence du cercle dont BDA est portion; donc le segment entier dont AFI est la moitié, est semblable au segment AD, et, par conséquent, ils sont entre eux comme les quarrés des rayons de leurs cercles, c'est-à-dire comme 2 à 1. Le demi-segment AFI est donc égal à AD, et le triangle rectiligne ADF est égal à l'espace curviligne triangulaire ADI. A présent, le triangle ACH est à ACB, comme AH à AB, ou le quarré de AD au quarré de AB; mais c'est encore là la raison du triangle ADF à ACB, à cause qu'ils sont semblables, l'angle ADF étant toujours demi-droit, puisqu'il est appuyé sur le quart de cercle AC, qui se formerait de la continuation du demi-cercle BDA. Le triangle ADF est donc égal à ACH, et par conséquent l'espace curviligne ADI est égal à l'un ou à l'autre. MM. *Grégori*, *Wallis* et *Caswel* (*Act. de Leipsic*, lieux cités) ont trouvé divers autres espaces absolument quarrables dans la lunule conjuguée, c'est-à-dire celle qui se formerait par les mêmes circonférences continuées. M. *de l'Hospital* a

(*) C'est-à-dire du même nombre de degrés.

leurs lumières à la découverte de la quadrature du cercle : mais, quoique ce philosophe

---

donné (*Mém. de l'Acad.*, 1701, p. 17) une méthode
pour retrancher tant qu'on voudra d'espaces absolument quarrables, compris entre deux parallèles, comme
GK, soit dans l'ancienne lunule *d'Hippocrate*, soit
dans celle qui se fait du demi–cercle AEB, et des deux
quarts de cercle rentrans, comme B*lg*C, A*f*C.

Avant tous ces géomètres, M. *Viète* avait imaginé
une manière beaucoup plus générale de trouver des
lunules absolument quarrables, dont celle d'*Hippocrate* n'est qu'un cas particulier (*Vietæ Opera*, p. 375);
car, si l'on a un arc de cercle comme ABCDE (*fig.* 4),
tel qu'étant divisé en un certain nombre de parties,
comme ici en 4 (ou plus généralement *m*), le quarré
de AE soit à celui de la corde d'une des portions, dans
la raison de 4 à 1 (ou de *m* à 1), il est visible que,
faisant l'arc sur AE semblable à ceux des segmens
AB, BC, etc., l'espace circulaire courbe ABCDEFA sera
égal au polygone rectiligne ABCDEA, ce qui est assez
évident pour m'éviter la peine de le démontrer. Or,
toutes les fois que *m* ne surpassera pas 3, on pourra
trouver un pareil arc par la Géométrie plane ; mais le
problème sera solide ou plus que solide, quand *m* sera un
nombre plus grand. Tout cela se trouve et se démontre
aisément à l'aide de la théorie des sections angulaires,
ou des relations des cordes des arcs multiples ou sous-
multiples. (*V.* L'Hospital, *Sections coniques*, p. 415.)

On trouve dans les *Mém. de l'Acad. de Berlin*,

les désapprouve également, ce serait faire tort
à l'un d'eux que de les ranger dans la même

1748 (p. 482), un mémoire de M. *Cramer*, où, après
avoir réfuté l'opinion de M. *Heinius*, qui avait prétendu qu'*Hippocrate de Chio* était le même qu'*OEni-
pide de Chio* (*Mém. de l'Acad. de Berlin*, 1746, p. 410),
autre géomètre et astronome pythagoricien, il ajoute
quelques découvertes nouvelles sur cette fameuse lunule. Mais il serait long de les expliquer ici, et cette
note, où j'ai encore bien des choses à dire, en deviendrait d'une prolixité excessive.

L'invention d'*Hippocrate de Chio* n'est qu'un exemple particulier d'un espace circulaire absolument quarrable; on peut en trouver une infinité d'autres, et
divers géomètres en ont donné des exemples. On a un
ouvrage de M. *Arthus de Lionne*, évêque de Gap,
intitulé *Curvilineorum amœnior contemplatio*, où ce
prélat géomètre a donné un grand nombre de pareils
espaces : ce que j'ai dit plus haut des additions de
MM. *Tchirnausen* et *Perks* à la lunule d'*Hippocrate*,
ne lui avait pas échappé. M. *Varignon* en a donné un
nouvel exemple dans les *Mémoires de l'Académie*, de
1703 (p. 21); il y fait voir que, si l'on a deux cercles
concentriques et un secteur ACB (*fig.* 5), et qu'on
prenne l'arc DF à DE, comme $CA^2 - CD^2 : CD^2$, l'espace EDFAB est égal au triangle rectiligne CFA; car le
secteur CFD est au secteur CDE comme FD : DE, conséquemment comme $CA^2 - CD^2$ à CD^2, par la construction. Or, cette dernière raison est encore celle de la

classe [1]. *Bryson* raisonnait bien mal pour un
géomètre, si c'en était un, lorsqu'il prétendait
que le cercle était moyen proportionnel entre
le quarré inscrit et le circonscrit. Il était aisé
de voir dès lors que ce moyen proportionnel
était seulement l'octogone; car, en général,
deux polygones semblables étant inscrits et circonscrits au cercle, le moyen proportionnel
entre eux deux est l'inscrit qui a le double de
côtés.

Il y a plus de justesse dans la prétention du
géomètre *Antiphon*: celui-ci regardait le cercle
comme un polygone d'une infinité de côtés;

———

portion circulaire EBAD au secteur DEC; le secteur
CFD est donc égal à EBAD, et ajoutant de part et
d'autre FAD, on a EDFAB= au triangle ACF. Un
jeune géomètre, le frère de M. *Clairaut*, de l'Académie des Sciences, âgé de quatorze ans, donna, en
1730, un petit ouvrage très ingénieux sur ces espaces
circulaires absolument quarrables, dont il a trouvé un
grand nombre au-delà de ceux qui étaient déjà connus. On a quelque chose de semblable de M. *Saulmon*
(*Mém. de l'Acad.*, 1713, *Hist.*, p. 59); mais je ne
m'arrête pas davantage à ces curiosités géométriques,
afin d'abréger. Ceux qui en seraient plus amateurs
qu'elles ne méritent ordinairement peuvent consulter
les livres et les endroits cités.

[1] *Voyez*, à la fin du livre, ADDITION à la page 38.

c'est du moins ce qu'il est naturel de conjecturer d'après ce qu'il disait, que l'arc, diminuant de plus en plus, se confondait enfin avec sa corde. Mais cette idée fut mal accueillie des anciens; le temps n'était pas encore venu où l'on oserait, qu'on me permette ce terme, envisager de face l'infini. Au surplus, c'était une idée stérile dans ce temps-là. Comment déterminer la raison d'un polygone inscrit au dernier de cette suite infinie, qui se confond enfin avec le cercle? *Viète* l'a fait, à la vérité, parmi nous, par le moyen d'une suite infinie de termes, mais sans beaucoup d'avantage pour la mesure du cercle. (*Vietæ Opera*, p. 400.) On en parlera quand il en sera temps.

VII.

On aura quelque lieu de s'étonner que, malgré les recherches de tant de géomètres pour quarrer le cercle, on ait été jusqu'au temps d'*Archimède* [a] sans en connaître, du moins à peu près la grandeur [1], j'entends dire

---

[a] *Archimède* fleurissait vers le milieu du troisième siècle avant Jésus-Christ, et fut tué, fort âgé, à la prise de Syracuse, l'an 212 avant l'ère chrétienne.

[1] Cela n'est pas probable; mais l'injuste mépris

avec quelque exactitude suffisante pour la pratique. Le géomètre de Syracuse, quoique entièrement livré à la théorie la plus sublime,
sentit, ce me semble, le premier, l'utilité de
cette connaissance ; ses découvertes sur un
grand nombre de corps et de surfaces, qui le
ramenaient continuellement à la mesure du
cercle, tournèrent nécessairement ses vues de
ce côté : laissant donc la recherche de la quadrature absolue, qu'il jugea très difficile, peut-
être impossible, il se borna à en approcher
d'assez près, et il rendit par là un service considérable aux arts. Nous devons à ces sages
vues le livre *de Dimensione circuli*, livre où
il démontre ces deux vérités d'un usage si jour-
nalier : l'une, que *le cercle et tout secteur de*
cercle est égal au triangle rectangle formé de
sa circonférence pour base, et du rayon pour
hauteur; l'autre, *que la circonférence du cercle*
est moindre que 3 fois et les $\frac{10}{70}$ du diamètre,
mais qu'elle est plus grande que 3 fois et les $\frac{10}{71}$
de ce même diamètre ; d'où il suit que la cir-

_____

que Platon et son école avaient pour tout ce qui était
sensible et applicable, n'a laissé venir jusqu'à nous
aucun des procédés de calcul et de Géométrie usités
dans le commerce et les arts de construction.

conférence diffère peu de la première de ces
limites, et qu'elle est, à peu de chose près,
égale à 3 fois et $\frac{1}{7}$ du diamètre, ou qu'elle lui
est à très peu près, comme 22 à 7; et le cercle
au quarré du diamètre, comme 11 à 14. La pratique des arts, que l'on servira toujours uti-
lement quand, à une exactitude médiocre, on
alliera une grande facilité, a adopté ce rapport, le plus exact de tous ceux qu'on puisse
donner en aussi peu de chiffres. *Archimède*,
comme nous en assure son commentateur
Eutocius [a], se proposa ce seul objet; sans
cela, il lui aurait été facile d'atteindre par sa
méthode à une plus grande précision; mais
celle-ci est suffisante dans les cas les plus ordinaires, et il n'y a plus que les derniers des
artisans qui l'ignorent, ou qui négligent de
s'en servir.

VIII.

Tout le monde, du moins le monde géomètre, sait de quelle manière *Archimède* parvint à cette approximation; mais il ne sera
peut-être pas inutile de l'exposer pour ceux
qui, peu versés dans la Géométrie, n'en au-

---

[a] *Comm. in librum de Dim. circuli.*

raient pas une idée distincte. Il est clair, par
les plus communes notions, que la circonférence du cercle est moindre que le polygone
circonscrit, et plus grande que l'inscrit. *Archimède* inscrivit donc et circonscrivit au cercle
deux polygones de 96 côtés chacun, et calcula,
par les propriétés du cercle, la longueur de
leur contour : or, ce calcul lui montra que
le contour du polygone inscrit était plus grand
que $3\frac{10}{71}$ du diamètre, et que celui du circonscrit était moindre que $3\frac{10}{70}$, ou $3\frac{1}{7}$ du diamètre.
Il est donc nécessaire d'en conclure que la circonférence qui est elle-même plus grande que
le contour du polygone inscrit, surpasse, à
plus forte raison, 3 fois le diamètre, plus
ses $\frac{10}{71}$, et que la même circonférence, qui est
moindre que le contour du polygone cir-
conscrit, est moindre que 3 fois le diamètre
avec $\frac{1}{7}$.

IX.

Plusieurs personnes intéressées à se faire illusion pour maintenir quelque prétendue quadrature, ont cherché à éluder cette démonstration : elles ont objecté, avec une sorte de
confiance capable d'en imposer, que l'impossibilité d'extraire exactement les racines de

plusieurs quarrés qui entrent dans le calcul
d'*Archimède*, a dû nécessairement l'entraîner
dans quelques légères erreurs, et que ces erreurs, accumulées dans une longue suite d'o-
pérations, ont pu lui faire prendre un nombre
trop grand pour le polygone inscrit, ou un
trop petit pour le circonscrit, suivant que ces
racines auraient été prises par excès ou par
défaut. L'objection est raisonnable; mais cependant elle ne prouve rien de plus, sinon
que ceux qui l'élèvent ne se sont pas donné
la peine de consulter l'écrit d'*Archimède*. En
effet, ce géomètre avait trop de sagacité pour
ne pas la prévenir, et la manière dont il fait
son calcul ne lui laisse aucun lieu; car il ne
prend point la valeur approchée du côté du
polygone pour sa valeur exacte. Mais s'agit-il,
par exemple, du côté du polygone inscrit, son
raisonnement et son calcul sont arrangés de
manière que, prenant les racines par défaut,
cette erreur, qu'on ne peut éviter, lui produit
nécessairement un nombre moindre que le véritable, pour la grandeur du côté du polygone inscrit. Ce nombre, multiplié par celui
des côtés du polygone, est 6336, le diamètre
étant 2017 $\frac{1}{4}$: il conclut donc bien légitimement que le polygone inscrit est plus grand que

6336. Or, comme cette raison est certaine-
ment plus grande que celle de $3\frac{10}{71}$ à 1, il est
évident que la circonférence du cercle est au
diamètre en une raison plus grande que celle de
$3\frac{10}{71}$ à 1, ou qu'elle est plus grande que 3 fois le
diamètre et $\frac{10}{71}$. Un artifice semblable fait conclure à *Archimède* que le contour du polygone
circonscrit est moindre que 14688, le dia-
mètre étant $4673\frac{1}{2}$; d'où il conclut que la circonférence est moindre que 3 fois le diamètre
et $\frac{10}{70}$. On peut s'assurer de tout ceci dans le
Commentaire d'Eutocius, qui, sentant toute
l'importance de ce procédé ingénieux, l'a développé avec soin. La conséquence d'*Archimède* est inébranlable.

M. *de Lagny* a remarqué dans le calcul
d'*Archimède* une nouvelle finesse que personne
n'y avait aperçue avant lui. Le géomètre grec
suppose que le rayon est à la tangente de 30°,
comme 265 à 153; ces deux lignes sont d'ailleurs
comme $\sqrt{3}:1$, de sorte qu'il est évident
qu'*Archimède* extrayant la racine de 3, l'a déterminée prochainement égale à $\frac{265}{153}$. Or, cette
valeur est précisément une de celles qu'une
analyse assez fine fait rencontrer en cherchant
les fractions rationnelles les plus simples en

même temps, et les plus approchantes de la racine cherchée ; car $\frac{265}{153}$ équivalent en fractions décimales à 1,732026 etc., qui ne s'écartent de la vraie racine de 3, savoir 1,732050 etc., que de $\frac{24}{1000000}$ ou moins d'un 40000ᵉ ; mais la valeur trouvée par *Archimède* a sans doute l'avantage d'être beaucoup plus simple. Comme une exactitude si recherchée ne peut pas être un effet du hasard, ce nous est une nouvelle raison de remarquer le génie de ce grand homme, dans le choix adroit qu'il a su faire des nombres les plus avantageux.

X.

Ce ne sont pas seulement les géomètres modernes qui, affectant une précision plus grande que celle d'*Archimède*, ont cherché à approcher de plus près du cercle ; l'antiquité eut aussi ses laborieux approximateurs ; il est, à la vérité, fort probable que la grande difficulté des opérations de leur Arithmétique ne leur permit pas d'aller bien loin. On sait que cette difficulté était si grande, qu'il leur était absolument impossible de manier des chiffres aussi considérables que les nôtres ; ainsi, ils durent rester beaucoup au-dessous des modernes.

Apollonius [a], le célèbre géomètre, est un de ces anciens approximateurs; il donna un rapport plus approchant de la vérité que celui d'*Archimède*, dans l'ouvrage intitulé Ωχυτοϐοος, mot dont on ne sait point la signification, et l'ouvrage est un de ceux de cet auteur qui se sont perdus [1]. *Eutocius* nous apprend cela dans son *Commentaire sur Archimède*; il nous cite aussi un autre géomètre, nommé *Philon de Gadare* [b] [Απογαδαρων] qui, à l'exemple d'*Appollonius*, avait enchéri sur le géomètre

---

[a] *Apollonius* de Perge fleurissait environ 200 ans avant Jésus–Christ.

[1] *Halley*, géomètre très érudit, auquel on doit la belle édition des *Sections coniques* d'*Apollonius*, dit, à la fin de sa préface, qu'il faudrait changer ce mot en Ωχυτοχιος, qui indiquerait alors que le but de l'ouvrage était de donner le moyen d'effectuer avec promptitude et facilité le calcul des grands nombres. Cette opinion a été partagée, à ce qu'il paraît, par *Torelli*, dans l'édition d'*Archimède*, qu'il a donnée avec le plus grand soin. A la vérité, il a laissé dans le texte l'ancien mot (page 216, en haut); mais la version latine porte *Ocytocio*; et *Ocytocium* indique un *remède propre à faciliter et hâter l'accouchement*.

[b] Il est mal à propos nommé *Gaditanus* par la plupart de ceux qui l'ont connu; la ville de *Gadare* était une ville d'Asie. On ignore le temps où il vivait.

de Syracuse, et probablement sur *Appollonius* même, auquel il est postérieur. L'un et l'autre, suivant le récit d'*Eutocius*, avaient poussé leurs approximations à de grands nombres. Ce commentateur, en nous apprenant que dans le rapport qu'ils avaient donné il entrait des *myriades*, c'est-à-dire des dix-millièmes [1], nous donne lieu de juger qu'ils avaient prévenu une pareille erreur au moins, et peut-être une plus considérable ; car, comme on ne connaissait point alors les fractions décimales, il est probable qu'ils avaient rencontré quelqu'une des fractions de la suite $\frac{7}{22}$, $\frac{106}{333}$, $\frac{113}{355}$, $\frac{33102}{103993}$, dont la dernière équivaut à une approximation en 10 décimales au moins.

---

[1] Ceci n'est pas tout-à-fait exact. La *Myriade* est une collection de 10000 unités ; et les géomètres furent bientôt obligés de former des myriades de divers ordres, dans une progression croissante, comme on peut le voir dans ce que Delambre nous a donné sur l'Arithmétique des Grecs, à la fin de la traduction française d'*Archimède* par Peyrard, et dans l'*Histoire de l'Astronomie ancienne* (t. II, p. 3) : il n'est donc pas question de *dix-millièmes* dans le passage indiqué ci-dessus ; il en résulte seulement que les nouveaux rapports ne pouvaient s'exprimer que par de grands nombres.

XI.

La découverte d'*Archimède* sur les spirales, quoique peu utile à la mesure du cercle, comme je l'ai déjà annoncé (*chap.* I**, § 6), a cependant avec elle une sorte d'affinité qui ne me permet pas de la passer sous silence. Elle sert du moins à démontrer ce dont quelques géomètres ont sérieusement douté : s'il était possible qu'une ligne droite égalât une courbe. *Viète* le révoquait en doute, se fondant sur le paradoxe de l'angle de contingence moindre que tout angle rectiligne, qu'on n'avait pas encore développé ; et *Descartes* donna presque dans le même sentiment, du moins il doutait fort qu'on trouvât jamais la rectification d'aucune courbe ; mais ces deux illustres géomètres ne faisaient pas attention dans ce moment à la vérité démontrée par *Archimède*, et *Viète* surtout était monté sur le ton de paradoxe, lorsqu'il avançait cette opinion [1]. Il est aujourd'hui connu, je dirais presque trivial, que toute tangente à la spirale détermine une ligne droite égale à un arc de

---

[1] *Voyez*, à la fin du livre, l'ADDITION à la p. 38.

cercle aisément assignable. A quoi tient-il donc,
dira quelqu'un, que l'on n'ait la quadrature du
cercle ? J'en ai déjà donné la raison ; il faudrait
pouvoir tirer cette tangente d'une manière qui
ne dépendît pas de la rectification de cet arc,
et c'est ce qui est impossible.

XII.

Le même inconvénient, si cependant on
peut donner ce nom à ce qui paraît devoir
être ainsi dans la nature ; le même inconvénient, dis-je, se rencontre dans toutes les
autres courbes décrites par une combinaison
de mouvement rectiligne et circulaire. Dans
toutes ces courbes, la tangente détermine une
ligne droite égale, ou en rapport donné avec
un arc de cercle ; mais il est facile de se convaincre, à l'aide d'une certaine métaphysique
de Géométrie, qu'on n'en doit jamais rien attendre pour la quadrature du cercle. En effet,
si quelque construction géométrique, où il
n'entrerait que des lignes droites, pouvait déterminer la position de la tangente à une
courbe de cette nature, ce serait résoudre un
problème sans avoir égard à ses conditions es-
sentiellement déterminatrices ; car il est aisé

de sentir que la situation de la tangente dépendant nécessairement des propriétés de la formation de la courbe, si cette courbe est décrite par une combinaison de mouvemens, il faut connaître leur rapport; et par conséquent dans les cas dont il s'agit ici, celui du mouvement circulaire avec le rectiligne, ce qui est précisément ce que l'on cherche. Le seul moyen de l'éviter serait de trouver quelque autre construction qui n'employât qu'un mouvement rectiligne; mais il y aurait de l'absurdité à le tenter seulement, puisque ce serait visiblement changer la nature de la courbe.

~~~~~~

CHAPITRE III.

Progrès des recherches sur la quadrature du cercle parmi les géomètres modernes, jusqu'à l'invention des nouveaux calculs.

I.

Les premières années qui suivent la renaissance des Mathématiques en Europe, époque que je fixe au milieu du quinzième siècle, où fleurirent *Purbach* et *Regiomontanus*, ne fournissent rien de remarquable à cette Histoire. Le dernier de ces mathématiciens mérite, il est vrai, des éloges pour le soin qu'il prit de combattre les prétendues quadratures du cardinal *de Cusa*, homme célèbre de son temps, et qui en aurait imposé si l'on pouvait en imposer aux géomètres. Cet examen fournit même à *Regiomontanus* une occasion de déterminer des limites de la grandeur du cercle, quelque peu plus rapprochées que celles d'*Archimède* [a] :

---

[a] *De Quad. circuli adv. Nic. de Cusa.*

je ne crois cependant pas devoir m'y arrêter
pour passer à des objets plus intéressans [1].

II.

Métius est le premier des modernes à qui
l'on doit quelque invention remarquable sur
la mesure du cercle. Le rapport de 113 à
355, par lequel il exprima celui du diamètre
à la circonférence, a une célébrité justement
méritée. Ce rapport a, en effet, un avantage bien digne de remarque : c'est qu'il approche tellement de la vérité, qu'étant exprimé en fractions décimales, il ne s'écarte
que dans le 8e chiffre du rapport si connu de
1,00000 00000 etc. à 3,14159 26535 etc. Soit
bonheur, soit adresse, *Métius* rencontra,
de toutes les fractions possibles exprimées en
trois chiffres seulement, celle qui est la plus
exacte. Au reste, ce *Métius* n'est point *Adrianus Métius*, mathématicien connu au commencement du dix-septième siècle, et frère
de *Jacques Métius*, réputé l'inventeur du télescope; c'est *Pierre Métius*, le père de l'un et
de l'autre, mathématicien des États de Hol-

---

[1] *Voyez* l'ADDITION à la page 58.

lande, et qui vivait sur la fin du seizième siècle. Je ne fais cette observation que parce que j'ai remarqué qu'on se trompait ordinairement, en attribuant au fils cette invention que lui-même revendique pour son père, dans ses ouvrages [1].

III.

Le célèbre M. *Viète,* dont les travaux ont tant aidé l'Analyse, contribua aussi de quelque chose à la mesure du cercle. On trouve, ce qui mérite d'être observé, dans une expression qu'il donna pour le représenter [a]; on y trouve, dis-je, la première idée d'une suite infinie de termes. Travaillant à tirer quelque parti de cette connaissance, déjà ancienne quoique peu goûtée, que le cercle était le dernier des polygones inscrits ou circonscrits, il démontra que le rapport du quarré inscrit à ce dernier polygone était celui de $\sqrt{\frac{1}{2}}$ à 1 divisé par ....

$$\sqrt{\tfrac{1}{2}+\sqrt{\tfrac{1}{2}}} \times \sqrt{\tfrac{1}{2}+\sqrt{\tfrac{1}{2}+\sqrt{\tfrac{1}{2}}}} \times \text{etc.,}$$

---

[1] L'ouvrage dans lequel *Adrien Métius* en parle porte le titre de *Geometria practica;* et il dit que son père avait déjà publié ce rapport dans une réfutation de la Quadrature du cercle, de *Simon Duchesne.*

[a] *Vietæ Opera,* page 400.

et ainsi à l'infini; de manière que le diamètre étant l'unité, le cercle est l'unité divisée par

$$2\sqrt{\tfrac{1}{2}} \times \sqrt{\tfrac{1}{2}+\sqrt{\tfrac{1}{2}}} \times \sqrt{\tfrac{1}{2}+\sqrt{\tfrac{1}{2}+\sqrt{\tfrac{1}{2}}}} \times \text{etc.}$$

Il serait laborieux, j'en conviens, de tirer de là une valeur en termes rationnels; ainsi, quoique cette découverte, considérée dans la spéculation, ait sa beauté, je n'y insiste pas beaucoup. *Viète* rendit sans doute un plus grand service à la Géométrie, lorsqu'il établit ce rapport approché du diamètre à la circonférence en 11 chiffres, savoir, comme 1,00000 00000 à 3,1459 26535 + [a] : l'erreur est moindre que l'unité dans le dernier nombre, qui, finissant par 6, excéderait dès lors la vérité; c'est ce que nous avons voulu désigner par le signe +, qui annonce que le chiffre 5 est moindre qu'il ne faut; 6 — signifierait que 6 est trop grand [1]. Personne que je connaisse n'en avait encore approché de si près, et cette

---

[a] *Ibid.*, page 392. M. *Viète* fleurissait vers la fin du seizième siècle; il mourut en 1603, âgé de soixante-trois ans. M. *de Thou* en a fait un éloge étendu dans son *Histoire universelle*, liv. 129, vers la fin.

[1] Voici l'énoncé de Viète : *Le diamètre étant composé de* 100 *parties*, la circonférence est plus grande que 314,159 $\frac{26.535}{100,000}$ et plus petite que 314,159 $\frac{26.537}{100,000}$.

approximation peut être regardée comme le premier exemple, le signal de celles que plusieurs géomètres donnèrent dans la suite.

IV.

Il semble, en effet, que les géomètres désespérant d'atteindre à la mesure précise du cercle, ont cherché à s'en dédommager par des approximations d'une exactitude fort supérieure à nos besoins. Celle de *Viète* fut bientôt effacée par celle d'*Adrianus Romanus*. Ce géomètre des Pays-Bas calcula laborieusement la grandeur du côté d'un polygone de 1073741824 côtés [1], et détermina, par ce moyen, le rapport en 16 chiffres, de 1,00000 00000 00000 à 3,14159 26535 89793 ; mais ce travail de *Romanus*, quelque grand qu'il soit, est cependant encore beaucoup inférieur à celui que *Ludolph van Ceulen* [a], son contemporain,

---

[1] Le nombre ci-dessus est la 30ᵉ puissance de 2.

[a] *Ludolph* était de Cologne, d'où lui vient son nom de *van Ceulen* ; car Cologne se dit, en hollandais, *Ceulen*. Il fut long-temps professeur de Mathématiques en Hollande, à Amsterdam ou à Breda. On ne sait presque rien de lui, parce que *Valère André* ne l'a pas mis dans sa *Bibliothèque belgique*.

eut le courage d'entreprendre. On doit à celui-
ci un rapport exprimé en 36 chiffres : le diamètre étant l'unité suivie de 35 zéros, la circonférence est entre le nombre...........
3 14159 26535 89793 23846 26433 83279 50288,
et celui qui a seulement une unité de plus.

Quant au procédé de *Ludolph*, il est nécessaire de le rapporter ici, pour donner une
idée du travail immense qu'il surmonta. Il
supposa d'abord le rayon égal à l'unité suivie
de 75 zéros, et, d'après cet immense rayon,
il calcula les cordes des arcs continuellement
décroissans, depuis le quart du cercle jusqu'à
l'arc qui n'est que le 36893 48814 74191 03232ᵉ
de la circonférence [1]; il calcula de même le
côté du polygone circonscrit correspondant à
cet arc, et ayant trouvé les longueurs de ces
polygones, il les compara ensemble. Or, il
trouva qu'ils coïncidaient dans leurs 36 premiers chiffres; d'où il conclut que ces 36 premiers chiffres exprimaient, à moins d'une
unité près, la grandeur de la circonférence :
cela est aisé à sentir. La suite des opérations
de *Ludolph* est exposée dans quelques-uns de

---

[1] Le nombre ci-dessus est la 65ᵉ puissance de 2.

ses ouvrages [a], où les géomètres de son temps purent l'examiner. Le **P.** *Griemberger,* un de ceux qui eurent le courage de le faire, assura le monde savant de leur justesse, et, par conséquent, de celle de l'approximation qu'il en tirait [b].

Ludolph avait quelque raison de s'applaudir de son invention; à l'exemple d'*Archimède,* il voulut en transmettre la mémoire à la postérité, par un monument qui y eût rapport; et il souhaita, pour cet effet, qu'on gravât ces deux nombres sur son tombeau [c]. Cette disposition a été exécutée, et ce monument géométrique subsiste encore aujourd'hui, à ce que j'ai lu quelque part.

V.

Cependant, à apprécier au juste le travail immense de *Ludolph,* il est bien plus propre à lui procurer la réputation d'un infatigable calculateur que d'un homme de génie. On

---

[a] *Fund. Geom.,* lib. 6, *de circulo et adscriptis. Zetematum* (c'est-à-dire *problematum*) *Geom. epilogismus,* p. 92.

[b] *Riccioli, Almag. novum.*

[c] *Snellii cyclom.,* pr. 31, p. 55.

fait, et avec quelque raison, en Mathématiques, peu de cas de ce qui n'est que le fruit de la patience. Sans rabaisser donc le mérite de *Ludolph*, que nous savons d'ailleurs avoir été un habile analyste, il me paraît que le géomètre dont je vais parler mérite plus d'éloges pour les découvertes qu'il ajouta à la Cyclométrie.

Willebrord Snellius, c'est ce géomètre, se proposa d'abréger ces pénibles opérations, par le moyen de quelques propriétés du cercle qui donnassent des limites plus rapprochées que les polygones inscrits et circonscrits, traités à la manière d'*Archimède*, et il y réussit assez heureusement. Il sut démêler deux théorèmes propres à son dessein, et qui lui feraient encore plus d'honneur, s'il avait pu parvenir à les démontrer parfaitement : en effet, l'espèce de démonstration qu'il en donne n'est pas absolument convaincante. Il suffit ici qu'il ne se trompe pas; car l'illustre M. *Huygens* les établit dans la suite avec toute la rigueur géométrique. Voici ces théorèmes fondamentaux de *Snellius* [a] :

1°. *Si l'on prolonge le diamètre* AB *d'un*

---

[a] *Voyez* son livre intitulé *Cyclometricus*, prop. 27, 29, et les *Opera varia* d'Huygens, p. 376.

cercle, en **D** (fig. 7), *de manière que* BD *soit égale au rayon, toute ligne menée par ce point et rencontrant la circonférence du cercle, retranche de la tangente* AG *un segment* AF *moindre que l'arc contigu* AE.

2°. *Mais si* df (fig. 8) *est tirée de manière que le segment* dl *soit égal au rayon, dans ce cas, le segment* af *de la tangente sera plus grand que l'arc* ae; et, comme alors la tangente *af* est égale à deux fois le sinus du tiers de l'arc *ae*, plus une fois la tangente de ce tiers, il en suit que *deux fois le sinus plus une fois la tangente d'un arc forment une somme très approchante de la grandeur du triple de cet arc.*

En fournissant des limites d'autant plus resserrées que les arcs sont plus petits, ces deux théorèmes réduisent à moins de la moitié le travail des approximations, qui jusqu'alors avaient exigé de si laborieux calculs. *Snellius* en donne plusieurs exemples, qui mettent dans un grand jour l'avantage de sa méthode [a]. *Archimède* avait été obligé d'employer deux polygones, l'un inscrit, l'autre circonscrit, de 96 côtés chacun, pour en tirer son rapport de 7 : 22. Le géomètre moderne y parvient

---

[a] *Cyclometricus*, prop. 31.

par la connaissance du seul côté de l'hexagone;
et le polygone de 96 côtés lui donne le rapport de 1,0000000 à 3,1415926. Il détermine
enfin et vérifie celui de *Ludolph*, par un polygone qui n'aurait donné à ce géomètre que
les 17 premiers chiffres de son rapport : il est
de la nature de l'opération de *Snellius* de
donner toujours plus du double de chiffres
vrais que ne le fait la méthode ordinaire, sans
exiger plus de travail. Il aurait pu, avec le
côté du dernier polygone de *Ludolph,* s'il eût
été parfaitement exact dans tous ses chiffres,
trouver une approximation en 75 chiffres : le
manque de cette condition (car il est évident
qu'un grand nombre des derniers chiffres était
incertain) l'empêcha d'aller aussi loin.

Je dois faire honneur à *Snellius* d'une remarque utile qu'il fait, concernant le calcul des
côtés des polygones qui naissent de la sous-divi-
sion continuelle d'un arc. Si BD (*fig*.9), dit-il[a],
est la corde d'un arc quelconque, et qu'on
prenne la moitié AF de son supplément DA, la
corde BF est moyenne proportionnelle entre
le rayon et le diamètre augmenté de la corde

---

[a] *Cyclometricus,* prop. 1 et 2.

précédente ; mais la corde AF est moyenne proportionnelle entre le même rayon et le diamètre moins la même corde. Ces deux théorèmes, qu'il est facile de vérifier par l'analyse, lui fournissent une suite d'expressions commodes à trouver sans aucun calcul, pour les côtés des polygones quelconques formés par la bissection continuelle d'un arc dont la corde est connue. Il trouve donc aisément, à l'aide de ces deux théorèmes, que le rayon étant l'unité, et BD le côté du triangle équilatéral, égal à $\sqrt{3}$, on a BF $= \sqrt{2 + \sqrt{3}}$......

et BG $= \sqrt{2 + \sqrt{2 + \sqrt{3}}}$; de même.......

AF $= \sqrt{2 - \sqrt{3}}$, et AG le côté du dodéca-cagone $= \sqrt{2 - \sqrt{2 + \sqrt{3}}}$. La loi de la progression est aisée à voir. Où il y trois divisions successives, il y a trois termes enveloppés continuellement par le signe radical, de manière que chacun embrasse tout le reste de l'expression. Tous les signes sont positifs pour les cordes BF, BG ; et pour les cordes AD, AF, AG, le premier seul est négatif. Tous les nombres sont 2, ou, plus généralement, le produit du rayon par le diamètre, et le dernier, la valeur de la première corde BD. Si

l'on voulait, après cela, trouver la corde du
45ᵉ polygone, à commencer du quarré inscrit,
c'est-à-dire la corde de la 70368744177664
de la circonférence [1], la corde du quarré
étaut $\sqrt{2}$, quand le diamètre est 2, on aurait,
tout d'un coup,

$$\sqrt{2-\sqrt{2+\sqrt{2+\sqrt{2}}}} \text{ etc.,}$$

continuée jusqu'à la 45ᵉ $\sqrt{2}$ inclusivement.

Snellius a plus fait; il a pris la peine de calculer jusqu'à 55 décimales, la valeur de ces
cordes BF, BG, etc. [2]; d'où il est aisé de tirer la
grandeur du côté qu'on voudra dans cette suite.
Dans un autre endroit, il prend pour premier
polygone celui de 80 côtés, et il donne les
limites qui résultent des polygones inscrits et
circonscrits, dont le nombre des côtés va de
là continuellement en doublant jusqu'au polygone de 5242880 côtés [a]; de manière qu'une
fausse grandeur de la circonférence étant proposée, il est toujours facile, en la réduisant

---

[1] Le nombre ci-dessus est la 46ᵉ puissance de 2.

[2] *Cyclometricus,* pag. 6 et 8.

[a] *Ibid.,* prop. 11, page 16.

en fraction décimale, de trouver au-dessus de quel polygone circonscrit, ou au-dessous de quel polygone inscrit elle se rencontre ; ce qui en démontre fort aisément la fausseté [c].

Comme ces limites peuvent avoir une utilité réelle pour ceux qui voudraient ou qui auraient besoin de faire ces comparaisons, je vais les rapporter ici [a].

---

[a] Quelques autres géomètres, qui ignoraient sans doute ce qu'avait fait *Snellius*, ont donné des expressions semblables, propres à faciliter le calcul des polygones ; on peut voir *Wallis* sur ce sujet, dans son *Algèbre*, chap. 11 (*Opera*, t. II, p. 49), et M. *Nicole*, dans les *Mémoires de l'Académie des Sciences*, 1747, p. 437 [1].

[1] Le procédé de *Wallis* est tout-à-fait différent de ceux qu'emploient *Snellius* et *Nicole* : c'est de l'Arithmétique toute pure. *Wallis*, partant du rapport trouvé par *Ludolph van Ceulen*, applique à ce rapport la méthode qu'il a donnée dans le chapitre précédent, pour tirer d'une fraction des valeurs approchées et exprimées par des termes plus simples. Aux citations précédentes, ajoutez celle des *Opera varia* de *Huygens*, p. 447, qui convient mieux au sujet que celle de *Wallis*.

[2] On trouvera quelque différence entre cette table et celle de *Montucla*, qui avait déjà corrigé une partie des fautes de l'original ; mais il en restait encore quelques-unes, et il y manquait une ligne, celle qui répond à 20480, ce qui interrompait la progression. *Snellius* l'a poussée un terme plus loin, jusqu'aux po-

NOMBRE des côtés.	POLYGONE INSCRIT.	POLYGONE CIRCONSCRIT.
80	3,140	3,143
160	3,141	3,142
320	3,1415	3,1417
640	3,1415	3,1416
1280	3,14158	3,14160
2560	3,141591	3,141594
5120	3,1415928	3,1415930
10240	3,14159260	3,14159274
20480	3,14159264	3,14159268
40960	3,14159265	3,14159266
81920	3,141592652	3,141592655
163840	3,1415926533	3,1415926540
327680	3,1415926535	3,1415926537
655360	3,14159265357	3,14159265361
1310720	3,141592653586	3,141592653596
2621440	3,141592653589	3,141592653591
5242880	3,141592653589	3,141592653590

VI.

Le célèbre M. *Huygens* entra peu d'années après *Snellius*, dans la carrière que celui-ci

lygones de 10485760 côtés, qui sont respectivement 3,14159265358897 et 3,14159265358899.

Il donne encore des polygones d'un plus grand nombre de côtés, mais qui ne sont plus dans la progression précédente.

avait ouverte. Les premiers coups d'essai de ce mathématicien illustre furent d'enrichir la Cyclométrie de plusieurs vérités utiles. Ce que *Snellius* avait tenté et laissé à certains égards imparfait, M. *Huygens*, encore fort jeune, le perfectionna considérablement; car, non-seulement il démontra les théorèmes où son compatriote avait hésité [a], mais il ajouta à sa théorie plusieurs autres propriétés remarquables du cercle, dont quelques-unes lui donnèrent des limites encore plus resserrées que celles que *Snellius* avait déterminées. On va les exposer avec la brièveté qu'exigent les bornes étroites de cet ouvrage; elles sont d'ailleurs dignes d'être connues, et probablement les géomètres les verront avec plaisir.

1°. *Tout cercle est plus grand que le polygone inscrit, plus le* $\frac{1}{3}$ *de l'excès de celui-ci, sur le polygone inscrit qui a la moitié moins de côtés;* et cela doit s'entendre non-seulement de l'aire du cercle comparée à celle de ces polygones, mais encore de sa circonférence comparée à la leur [1]. Il suit de là que

---

[a] *De Circuli magnitudine inventa*, 1654, ou *Opera varia*, p. 376.

[1] *Ibid.*, pag. 361 et 362, prop. 5 et 7.

tout arc de cercle moindre que la demi-circonférence, est plus grand que sa corde augmentée
du tiers de la différence entre cette corde et le
sinus. Nommant donc C la corde, S le sinus,
l'arc A sera $> \dfrac{4C - S}{3}$ [1].

2°. *Tout cercle comparé de même au polygone inscrit, est moindre que les deux tiers
de ce polygone plus le $\frac{1}{3}$ du polygone circonscrit semblable* [2]. D'où l'on peut inférer que
tout arc est moindre que les deux tiers de son
sinus, augmentés du tiers de sa tangente, ou
$< \frac{2}{3} S + \frac{1}{3} T$, en nommant T la tangente.

Cette seconde proposition, en partie la même,
mais plus générale que celle de *Snellius*, fournit la seconde limite de la circonférence et de
l'aire du cercle : la première était par défaut;
celle-ci est excédante; mais l'une et l'autre approchent considérablement de la vérité, et
M. *Huygens* s'en sert avec succès pour le même
objet que *Snellius*. Le travail des approximations en est diminué de plus de la moitié.

Cependant, on doit le remarquer, cette méthode ne l'emporte pas encore sur celle de

---

[1] *Opera varia*, p. 382, 1ʳᵉ partie de la prop. 19.
[2] *Ibid.*, p. 365, prop. 9.

Snellius, et même elle reste quelque peu au-dessous; aussi M. Huygens ne s'y arrête-t-il pas; et, pour surpasser ce dernier géomètre, il propose bientôt deux autres théorèmes qui resserrent beaucoup plus les limites de la circonférence : il démontre pour cet effet, que,

5°. *Tout arc de cercle, plus petit que la demi-circonférence, est moindre que sa corde augmentée d'une ligne qui soit au tiers de sa différence avec son sinus, comme 4 fois cette corde plus le sinus, est à 2 fois la même corde et 3 fois le sinus* [1].

Ceci donne une limite par excès, mais très rapprochée; elle l'est tellement que, lorsque l'arc n'est que d'un petit nombre de degrés, elle coïncide avec la vraie valeur de cet arc jusqu'à la 10ᵉ décimale, ou même un terme plus éloigné. Il restait à en trouver une aussi exacte et qui fût par défaut ; *Huygens* le fait par le procédé suivant : ayant trouvé la limite par défaut de l'article 1ᵉʳ, et celle par excès de l'article précédent, *qu'on prenne les $\frac{4}{3}$ de leur différence, et qu'on l'ajoute au double de la corde, augmenté du triple du sinus; qu'on fasse ensuite la proportion, comme cette somme*

---

[1] *Ibid.,* p. 382, 2ᵉ partie de la prop. 19.

est à $\frac{10}{3}$ de celle du sinus et de la corde, ainsi leur différence est à un quatrième terme ; ce terme ajouté au sinus donnera une ligne moindre que l'arc, mais aussi voisine de sa vraie valeur que la précédente[1]. L'usage de ces nouvelles limites est merveilleux ; par leur secours, M. *Huygens* laisse bien loin derrière lui et les anciens et *Snellius* lui-même : un exemple fera sentir combien elles approchent de la vérité. En calculant simplement le côté d'un polygone inscrit de 60 côtés, et y appliquant cette méthode, on trouve les 10 premiers chiffres du rapport de *Ludolph*. On peut juger par là combien davantage on approcherait de la vérité, en employant un polygone d'un plus grand nombre de côtés.

Le même traité de M. *Huygens* contient plusieurs approximations pratiques de la circonférence circulaire, que leur simplicité rend dignes de remarque, et propres à avoir place ici. 1°. 8 fois le côté du dodécagone moins le rayon diffèrent de la demi-circonférence de moins d'un 4000ᵉ du diamètre. 2°. Dans un cercle (*fig.* 10), dont la demi-circonférence BAC est divisée en 2 également, que l'autre demi-circon-

---

[1] *Opera varia*, p. 385.

férence le soit en 3, en **E**, **F**, et qu'on tire **AE**
et **AF**, les lignes **AG**+**GH** égalent le $\frac{1}{4}$ du cercle,
à moins d'un 5000ᵉ près du diamètre. 3°. Qu'on
ajoute à 3 diamètres, $\frac{1}{5}$ du côté du quarré
inscrit, la somme égalera la vraie longueur
de la circonférence à un 18000ᵉ près du diamètre [1]. 4°. Je mets ici l'approximation suivante, qui donne indéfiniment la grandeur d'un
arc quelconque, quoiqu'elle ait été proposée
par M. *Huygens* dans une autre occasion, savoir, dans le cours de sa querelle avec M. *Gregori* [2]. Que **ABC** (*fig.* 11) soit un arc de cercle
qui ne passe pas la demi-circonférence; après
l'avoir partagé en 2 également, ainsi que sa
corde, par la ligne **DB**, que **AE** soit égale
aux $\frac{2}{3}$ de **AB**, et **EF** = $\frac{1}{10}$ **ED**; la ligne **FB** étant
tirée, qu'on fasse l'angle **FBG** droit, la ligne
AG sera à très peu près égale à l'arc **AB**; car
sa différence avec cet arc en sera à peine d'un
1400ᵉ, lors même qu'il sera égal au quart du
cercle, d'un 13000ᵉ quand il en sera le 6ᵉ,
d'un 90000ᵉ enfin quand il n'en sera que le 8ᵉ.
Il est aisé de sentir combien petite sera cette
erreur dans les cas où l'arc à mesurer sera au-

---

[1] *Opera varia*, p. 368, prop. 11.
[2] *Ibid*,, pag. 475, 481.

dessous de ces portions de la circonférence;
elle deviendra infiniment petite [a].

VII.

Nous devons encore à M. *Huygens* un autre
ouvrage qui paraît se rapporter à l'objet présent; il est intitulé *Theoremata de circuli et
hyp. quad.*, 1651. M. *Huygens* y démontre
quelques théorèmes qui durent paraître singuliers dans le temps, mais qui n'auraient pas
aujourd'hui le même mérite. C'est que l'on
peut déterminer un espace rectiligne qui, sus-

---

[a] Voici quelques autres moyens d'approcher de très
près de la grandeur d'un arc circulaire :

1°. M. *Viète* a remarqué que si l'on divise une
ligne en moyenne et extrême raison, la ligne entière
est fort près des $\frac{5}{6}$ de la circonférence du cercle décrit
sur le petit segment comme diamètre. La différence
par excès est au-dessous d'un 20000° du diamètre.

2°. Si l'on fait cette proportion : comme une ligne
divisée en moyenne et extrême raison, augmentée du
petit segment, est au double de la ligne entière, ainsi
celle dont le quarré égale les $\frac{2}{7}$ de celui du rayon est
à une quatrième proportionnelle ; cette dernière sera
le côté d'un quarré très prochainement égal au cercle ;
car il en différera de moins d'un 65000° par excès.
(*Vietæ Opera*, p. 391, 2, 3.) Ces approximations m'ont
paru avoir une élégance qui méritait qu'elles fussent

pendu d'une certaine manière, contre-balance, c'est-à-dire se tienne en équilibre avec un segment de cercle, d'ellipse ou d'hyperbole. Soit, par exemple, le segment de cercle ou d'ellipse AGB (*fig.* 12) dont l'axe soit GIH; que le triangle ECF ait sa base EF=AB, et que sa hauteur CD sur l'axe commun, soit $= \sqrt{\overline{GI} \times \overline{IH}}$, le triangle sera en équilibre sur le point C, avec le segment AGB [1]. La même chose arrivera si ce segment est portion d'une hyperbole, comme *aGb* dont C est

---

connues. Cependant, de toutes celles que j'ai rencontrées, la suivante, due à un géomètre polonais, le P. *Kochanski*, me paraît la plus remarquable par sa simplicité et son exactitude.

3°. Que AC (*fig.* 6) soit le diamètre d'un demi-cercle, AF la tangente de 30°, et que sur la ligne EC, perpendiculaire à l'autre extrémité du diamètre, on prenne CE = 3 fois le rayon; qu'on tire enfin la ligne FE, elle ne différera par défaut que de très peu de chose de la grandeur de la demi-circonférence; car le rayon étant 1,0000000, la ligne FE se trouve de 3,1415333 +, et la demi-circonfér. est 3,1415926 +; ainsi la différence est seulement $\frac{593}{10000000}$, ou moins d'un 16000ᵉ du rayon. (*Actes de Leipsic*, 1685, p. 397.) *Voyez* l'ADDITION à la page 77.

[1] Huygens, *Opera varia*, p. 323, théorème 6.

le centre ; ce qui se démontre aisément en faisant voir, par les propriétés des sections coniques, que les momens des lignes LK et MN ou *mn* sont égaux ; une analyse très simple suffit pour cela. La formule du centre de gravité, que donne le calcul intégral, fournit le même résultat. La facilité avec laquelle on en tire tous ces théorèmes, qui coûtèrent tant aux *Guldin*, aux *La Faille*, etc., rendent ces vérités peu remarquables aujourd'hui [a].

Si l'on demandait ce qui s'oppose donc à la découverte de la quadrature du cercle, puisque voilà un segment de cercle en équilibre avec une figure rectiligne, à peu près comme *Archimède* quarrait jadis la parabole, je répondrai qu'il manque de connaître la position du centre de gravité de ce segment ; si elle était connue, on aurait la quadrature du cercle, non-seulement par cette voie, mais par une infinité d'autres.

(a) Le P. *Guldin,* jésuite, est fort connu comme l'inventeur de la belle propriété du centre de gravité pour mesurer les figures ; et le P. *La Faille,* de la même société, publia, en 1632, un ouvrage très ingénieux, quoique un peu prolixe, où il faisait voir comment le centre de gravité du cercle et sa quadrature tiennent l'un à l'autre.

VIII.

On ne doit point ranger parmi les hommes ordinaires qui ont échoué à la quadrature du cercle
un géomètre du milieu du siècle passé (le 17e),
qui prétendit à la solution complète de ce fameux problème. Il est aisé d'apercevoir, pour
peu qu'on connaisse l'histoire de la Géométrie,
que j'entends parler du célèbre P. *Grégoire de
Saint-Vincent*. On ne peut lui refuser la justice de remarquer que personne avant lui ne
s'est porté dans cette recherche avec autant de
génie, et même, si nous en exceptons son
objet principal, avec autant de succès. La quadrature du cercle qu'il manqua fut pour lui l'occasion d'un grand nombre de découvertes dont
quelques-unes n'étaient pas, en apparence,
d'une difficulté fort inférieure à la quadrature elle-même; telles sont les quadratures
absolues d'un grand nombre de figures, soit
planes, soit de surface courbe. La propriété remarquable des espaces hyperboliques entre les
asymptotes, espaces qui sont les logarithmes
des abscisses, est une de ces découvertes inci-
dentes qui doit effacer le souvenir de l'erreur
qui termine son ouvrage. Bien éloigné donc
d'adopter en tout le jugement que *Descartes*

porta de ce géomètre, je pense, avec d'autres, dont le sentiment peut sans doute contre-balancer celui du philosophe français, que ses travaux ont droit à notre estime, et même presque à notre admiration. *Huygens* et *Leibnitz* lui ont rendu cette justice, le dernier surtout, lorsque, dans l'énumération de ceux qui ont le mieux mérité de la Géométrie, il lui donne parmi eux un rang distingué [a].

Grégoire de Saint-Vincent nous fait lui-même l'histoire de ses tentatives, dans la préface de son ouvrage. La spirale d'*Archimède* lui parut d'abord présenter quelques voies pour arriver à la solution qu'il cherchait avec tant d'ardeur; dans cette espérance, il en étudia les propriétés, et ce furent ses profondes recherches qui lui firent découvrir sa symbolisation avec la parabole. Ce chemin ne l'ayant pas conduit où il désirait, il se tourna vers la quadratrice, qu'il abandonna par le même motif, mais non sans avoir composé sur son sujet un immense traité, qui périt dans l'incendie qui suivit la prise de Prague, en 1631 [b]. Enfin il

---

[a] *Actes de Leipsic,* 1686, p. 298, ou *Leibnitii Opera,* t. III, p. 192.

[b] *Voyez* la préface du livre cité sur la page suivante.

s'attacha à comparer divers corps, les uns cylindriques ou segmens de ceux-ci, avec d'autres formés de différentes manières, à étudier
profondément leurs rapports, et les rapports
même de leurs rapports, ce qui l'engagea à se
former plusieurs nouvelles théories qui lui
fournirent une foule de découvertes, ou du
moins de vérités qui, quoique fort aisées à en
juger par notre analyse, ne laissaient pas de
fatiguer les géomètres de son temps. C'est le
résultat de ces dernières recherches, combinées et dirigées dans la vue de la quadrature
du cercle, qu'il publia dans son ouvrage intitulé *Quad. circuli et hyperbolæ*, 1647 [1].

La prétention de *Grégoire de Saint-Vincent*
était d'une nature à ne pas échapper au sévère
examen des géomètres. Son ouvrage n'eut pas
plus tôt paru, qu'on s'empressa de toutes parts
à approfondir ses raisonnemens et sa méthode :
le nom de l'auteur annonçait des efforts dignes

---

[1] Le titre complet de l'ouvrage est *Problema aus-
triacum*, *plus ultra quadratura circuli*. Antverpiæ,
1647, in-f°, 2 vol. Sur le faux titre on a ajouté *et sec-
tionum coni*. La dédicace, passablement ridicule, est
adressée *domui Austriacæ semper augustæ*. L'auteur
était jésuite.

d'attention. Il ne se bornait pas, en vulgaire
géomètre, à la quadrature définie du cercle
et du cercle seul ; il embrassait également dans
ses vues l'hyperbole et les segmens quelconques
de ces figures ; il donnait enfin quatre méthodes différentes pour parvenir au même but.
La célébrité de la discussion à laquelle cet
ouvrage donna lieu m'engage à la rapporter
avec quelque étendue ; on va donc expliquer
la première et la principale de ces méthodes :
quoiqu'elle aboutisse à une erreur, elle est
fondée sur une si fine théorie de Géométrie,
qu'on croit faire quelque plaisir aux géomètres
en la leur présentant.

1°. Qu'on imagine, dit *Grégoire de Saint-*
Vincent, sur un même axe AB (*fig.* 13),
un demi-cercle AYB et deux paraboles égales
situées en sens contraires, ABLC, BAPD, et
dont les ordonnées AC, BD sont égales entre
elles et à AB ou à leur paramètre commun.
Il démontrait d'abord, et c'est une vérité
avouée par la saine Géométrie, que si l'on imagine la parabole ACB dressée ou relevée perpendiculairement au plan de la figure, et que
l'on conçoive un solide dont les coupes perpendiculaires à ce plan soient toujours les rectangles formés sur les lignes GL et GP, ce so-

lide sera égal au cylindre construit sur la base circulaire AYB, et dont la hauteur est BD; et, de plus, chaque segment de ce solide parabolique, comme celui qui a pour base AGP, est égal au segment correspondant du cylindre, ou AGS × BD[1]. De là il suit que, si l'on a la mesure absolue de ces segmens du premier solide, ou du solide entier, on aura la quadrature du cercle; car la grandeur du segment de cylindre donnera celle de sa base circulaire. On parviendrait aussi à cette quadrature, en connaissant simplement le rapport de ces segmens; car dès lors on aurait celui des segmens circulaires AGS, ARY : or, il est reconnu qu'il ne faut rien de plus pour la quadrature du cercle, même indéfinie.

---

[1] T. II, p. 794, 1127 et 1131.

Cette génération de solides a été nommée par Grégoire de Saint-Vincent, *Ductus plani in planum* (p. 704). C'est une pareille génération qu'il faut entendre, sur la page suivante, quand Montucla dit : « Il se formera » du segment parabolique AGI, par son correspon- » dant AGHC un solide, etc. » Plus loin il avait écrit AGI × AGHC; mais l'emploi du signe × peut induire ici en erreur, puisqu'il ne s'agit point du tout d'une multiplication : c'est pourquoi j'y ai substitué le mot *par,* d'après la phrase que je viens de citer.

2°. *Grégoire de Saint-Vincent* chercha donc à mesurer ces solides, ou à assigner du moins leurs rapports; or il crut y parvenir de la manière suivante. Imaginons, outre les deux paraboles ABC, ABD, deux autres AI*i*D, CH*h*B (*fig.* 14), qui touchent leur axe commun en A, B; qu'on tire ensuite les diagonales AD, CB; il se formera du segment parabolique AGI, par son correspondant AGHC, un solide fort irrégulier, mais dont la solidité absolue est assignable : on connaîtra donc la raison de ce solide AGI *par* AGHC à celui de GI*i*R *par* GH*h*R. Pour abréger, je les nommerai respectivement A, B : dans le cas particulier où AG=le demi-rayon, ils sont comme 53 à 203 [1].

Il se formera aussi du triangle AGO *par* AGKC un solide tout rectiligne dont on aura la grandeur absolue, de même que celle du solide de GO*o*R *par* GKYR, et par conséquent leur rapport, qui, dans le même cas de AG=le demi-rayon, est 5 : 11; nommons-les C et D. C'est de la connaissance de ces solides et de leurs raisons que *Grégoire de Saint-Vincent* déduisait celle des deux premiers, dont on a vu que dépendait la quadrature du cercle;

---

[1] *Ibid*, p. 1121 et 1133.

il le faisait par le raisonnement qui suit :

Si l'on tire une perpendiculaire quelconque à AB, comme MN, on a, par les propriétés des coniques, les lignes GM, GL, GK continuement proportionnelles, de même que GM, GK, GH, de manière qu'en interposant une moyenne GΔ entre GK et GH, on a les cinq lignes GM, GL, GK, GΔ, GH en proportion continue. Par la même raison, les lignes GN, GP, GO, Gδ, GI sont continuement proportionnelles, et par conséquent les rectangles GM $\times$ GN, GL $\times$ GP, GK $\times$ GO, GΔ $\times$ Gδ, GH $\times$ GI le sont aussi ; et la même chose arrive partout ailleurs où l'on tire une parallèle à MN : on y a les rectangles $gm \times gn$, $gl \times gp$, $gk \times go$, $g\Delta' \times g\delta'$, $gh \times gi$, en proportion continue. Par conséquent, le rapport des rectangles GK $\times$ GO et $gk \times go$, les troisièmes en ordre, sera doublé de celui des précédens, GL $\times$ GP, $gl \times gp$; et la raison des derniers, GH $\times$ GI, $gh \times gi$, sera quadruplée de celle de ceux que je viens de nommer. On le verra sans peine, en considérant ces deux suites de quantités continuement proportionnelles : 1, 2, 4, 8, 16, etc. et 1, 3, 9, 27, 81, etc., où l'on voit que la raison de 4 à 9 est doublée de celle de 2 à 3, et celle de 16 à 81, quadruplée de cette même raison. Par conséquent, la raison des rectangles de l'ordre de GH × GI, *gh* × *gi*, sera doublée de celle des rectangles de l'ordre de GK × GO, *gk* × *go*. Il y aura donc, entre les élémens semblables des solides AGI *par* AGHC, GI*i*R *par* GHhR, c'est-à-dire A, B, une raison semblablement multipliée de la raison qui règne entre les élémens analogues des solides AGO *par* AGKC, GR*o*O *par* GRYK, c'est-à-dire C, D, comme celle-ci l'est de la raison des élémens des solides AGP *par* AGKC, GR*p*P *par* GR*i*L, ou E et F. *Grégoire de Saint-Vincent* concluait enfin de tout ce raisonnement, que la raison des premiers solides A, B, contenait celle des solides C, D, comme celle-ci contenait la troisième, savoir celle des solides E, F. Or, les deux premières raisons sont toujours données: la dernière le sera donc aussi; et l'on a fait voir que cette raison étant une fois connue, on était en possession de la quadrature du cercle : par conséquent, cette quadrature, disait-il, est trouvée.

Tel était le raisonnement de ce fameux géomètre, raisonnement qui se soutient conformément à la saine Géométrie, jusqu'à la dernière conclusion exclusivement, où se trouve l'erreur. J'en vais développer les preuves, en même temps que je rendrai compte des contradictions et des querelles qui s'élevèrent à ce sujet.

Descartes fut un des premiers qui porta quelque jugement sur la prétendue quadrature et le livre du géomètre flamand; il leur fut très peu favorable : la quadrature fut déclarée fausse, et le livre traité de médiocre et même d'embrouillé. On trouve les raisons de ce jugement dans une lettre écrite à *Schooten* [a], on n'en admettra cependant que la première partie; car, quant à la médiocrité, nous avons fait voir qu'*Huygens* et *Leibnitz* en pensaient bien autrement; et, quant à l'obscurité, nous pouvons dire que *Descartes* n'y en trouva qu'à cause du dégoût violent qu'il avait pris pour la méthode des géomètres anciens [1]; car *Grégoire de Saint-Vincent* est un des plus intelligibles de ceux qui ont suivi cette route difficile. Je reviens à la lettre de *Descartes;* il y dit avoir suivi pied à pied *Grégoire de Saint-Vincent,* depuis la proposition où il conclut sa quadra-

---

[a] *Lettres de Descartes,* in-4°, t. III, lettre 117e, et tome X, p. 319, de l'édition française donnée par M. Cousin.

[1] *Voyez* dans l'édition française des *Œuvres de Descartes,* déjà citée, t. XI, p. 219.

ture jusqu'à une autre qu'il appelle en preuve et qui est fausse [1] : elle l'est en effet visiblement, suivant le sens que lui donne *Descartes;* mais il y a lieu à contestation si on l'entend dans celui que les défenseurs du P. *de Saint-Vincent* lui ont donné, suivant la doctrine et l'instruction de leur maître : ainsi la décision du philosophe français ne tranche point la difficulté.

Descartes se contenta de communiquer ce qu'il pensait sur *Grégoire de Saint-Vincent* à quelques-uns de ceux qui le consultèrent; mais plusieurs autres géomètres écrivirent pour le réfuter : à la vérité, tous ne le firent pas aussi heureusement. *Roberval* et quelques autres, pour renverser l'édifice élevé par le géomètre flamand, l'attaquèrent dans les endroits où il était le plus solide. Ils établirent un faux système de proportions, ce qui donna lieu à un défenseur de la quadrature proposée de les réfuter eux-mêmes avec succès et avec solidité. *Huygens* et le P. *Léotaud,* jésuite et géomètre habile, attaquèrent les prétentions de *Grégoire de Saint-Vincent* avec plus de justesse; l'un, dans un petit écrit intitulé *Exe-*

---

[1] En rétrogradant de la page 1134 à 1121, prop. 39.

tasis (*seu examen*) *Cyclometriæ Gregorii à Sancto Vincentio*, 1652[1], modèle de netteté et de précision ; l'autre, dans un ouvrage plus étendu et intitulé, *Examen novæ quadraturæ*, etc., 1664.

Grégoire de Saint-Vincent trouva de son côté de zélés défenseurs dans quelques-uns de ses disciples : deux surtout se distinguèrent dans cette lice, *Xavier Aynscom* et *Alphonse de Sarassa*. Celui-ci y parut le premier, pour réfuter les prétentions de *Roberval* et de ses adhérens, et surtout le jugement que le père *Mersenne* avait imprimé dans le *Novarum observationum physico-mathematicarum tomus tertius, quibus accessit Aristarchus Samius de mundi Systemate.* Parisiis, 1647 (p. 72). Ce père y avait parlé de la manière la plus méprisante du livre de *Grégoire de Saint-Vincent*, sans nommer l'auteur ; et, quant à la quadrature en question, il la rejetait, fondé sur cette seule raison que son auteur paraissait la réduire à ce problème : *étant données trois grandeurs et les logarithmes de deux, trouver celui de la troisième ;* problème qu'il regardait comme aussi insoluble que celui de la quadrature du

---

[1] *Voy.* les *Opera varia* de *Huygens*, p. 328.

cercle. Le P. *Mersenne* avait tort; mais, supposant même qu'il eût eu raison, ç'aurait encore été une grande et belle découverte que
de réduire ces deux problèmes très distincts, à
n'être plus qu'une même et unique question.
On regarderait comme une des vérités les plus
remarquables et les plus utiles de la Géométrie, une liaison bien établie entre la quadrature du cercle et celle de l'hyperbole, liaison
telle que l'une étant connue, l'autre le fût nécessairement. C'était cependant ce que le P. *Mersenne* reprochait à *Grégoire de Saint-Vincent;*
et, comme je l'ai déjà dit, il se trompait même
en cela : ainsi *Sarassa* n'eut pas de peine à lui
répondre avec avantage, et à détruire victo-
rieusement ses objections.

Quant à *Huygens* et le P. *Léotaud*, ils por-
tèrent des coups plus réels à la quadrature
prétendue : ils la réduisirent à examiner de
quel sens était susceptible cette conséquence
de *Grégoire de Saint-Vincent,* que la raison
des deux premiers solides contenait celle des
deux seconds, comme celle-ci contenait la troisième; et ils firent voir que, de quelque côté
qu'on l'entendît, il n'en résultait rien qui ap-
prochât de la quadrature du cercle. En effet,
on ne peut donner à ces paroles que ces deux

sens : une raison est à une autre comme une troisième à une quatrième, quand, étant réduites à un même conséquent, leurs antécédens sont proportionnels; ou bien lorsque la première raison est autant multipliée de la seconde que la troisième l'est de la quatrième. Il ne résulte rien d'avantageux de ces deux sens pour la quadrature contestée. Il n'y en avait plus qu'un troisième à discuter, et c'était le dernier retranchement où les défenseurs de la quadrature pussent se retirer : il leur restait, dis-je, à maintenir que la première raison, savoir, celle des solides A, B, était composée d'une suite de raisons partielles, semblablement multipliées de chacune des raisons partielles qui composent la raison totale de C, D, comme celles-ci étaient multipliées de celles qui composaient la raison cherchée de E, F. Mais quel avantage peut-on tirer de là pour la détermination de cette raison, disait le P. *Léotaud?* elle est encore aussi inconnue qu'auparavant. Pourquoi enfin, remarquait-il avec *Huygens,* si cette dernière raison était donnée par les précédentes, pourquoi le P. *Grégoire de Saint-Vincent* avait-il négligé de l'assigner? N'est-ce pas que réellement cette conséquence, *la première raison contient la seconde comme celle-ci la troisième*, n'est qu'une phrase vide de sens, qui laisse encore la question indécise et à résoudre ?

Ce fut pour répondre à ces adversaires qu'*Aynscom*, autre disciple du P. *de Saint-Vincent*, parut dans la lice. Il publia un livre intitulé *Deductio quadraturarum à P. G. à S. Vincent. expositarum*, contre *Huygens* et *Léotaud* principalement, et, par occasion, contre les autres contradicteurs de son maître. Le nœud de la principale difficulté à résoudre était dans quel sens on devait entendre ce rapport de raisons, le fondement de la quadrature. *Aynscom* prétendit, dans cette réponse, que cette troisième manière qu'*Huygens* n'avait pas même soupçonnée, à cause de son éloignement du sens ordinaire, que *Léotaud* avait rejetée comme ne pouvant conduire à rien, et aussi difficile à déterminer que la quadrature elle-même, était cependant la véritable, la seule que *Grégoire de Saint-Vincent* eût entendue ; que cette dernière raison enfin pouvait se déterminer par des rapports d'espaces hyperboliques ; car, disait-il, si l'on prend deux espaces hyperboliques entre les asymptotes, et que ces espaces soient tels que chaque partie de l'un soit semblablement multiple de

chaque partie de l'autre, comme les premières
raisons partielles sont multipliées des secondes,
le premier de ces espaces sera autant multiple du second que la première raison totale
contient la seconde. Le nombre qui exprimera le rapport de ces espaces hyperboliques
sera donc l'exposant du rapport multiplié de
la première à la seconde, c'est-à-dire que, si n est
ce nombre, et que la première raison, savoir,
celle des solides A, B, soit R, la seconde ou
celle des solides C, D, soit P; la raison R sera
multipliée suivant l'exposant n de la raison P,
et par conséquent celle-ci le sera semblablement de la troisième cherchée ; elle est par
conséquent donnée et connue, suivant lui. Au
reste, ce nouveau défenseur de *Grégoire de
Saint-Vincent* tombait encore, malgré les
instances de *Huygens* et de *Léotaud*, dans le
même défaut que son maître. Le moyen le
plus aisé de confondre ses adversaires, qui prétendaient cette dernière raison inassignable,
était sans doute de l'assigner ; il ne le faisait
cependant point encore, ce qui prouve évidemment, comme le remarquait *Huygens*,
que lui et son maître ne cherchaient qu'à pro-
longer la querelle, sans se mettre en peine
d'éclaircir la vérité, ou plutôt en craignaient le

succès : ils espéraient du moins par là, laisser
la question indécise aux yeux de la postérité
et de leurs contemporains. Mais le P. *Léotaud*
paraît l'avoir terminée dès lors entièrement ;
il n'attendait que cette explication du sens des
paroles de *Grégoire de Saint-Vincent,* pour
lui donner le dernier coup. En l'admettant de
même que la manière dont ils prétendaient
l'assigner, par le moyen de ces espaces hyperboliques dont j'ai parlé, il fit voir qu'il en
résultait précisément le second sens qu'eux-
mêmes avaient rejeté. Son raisonnement est légitime : en effet, le moyen indiqué par *Aynscom*
donnerait deux espaces hyperboliques nécessairement doubles l'un de l'autre ; et par conséquent la première raison serait doublée de la
seconde, et celle-ci le serait par conséquent de
la troisième. Or, tout cela est faux, car on ne
peut pas dire que la raison de 53 à 203 soit, en
aucune manière doublée de celle de 5 à 11. Il
est bien clair par là que *Grégoire de Saint-
Vincent* se trompait, et l'on n'en peut douter,
quoi qu'en ait dit son panégyriste, le P. *Castel,*
dans sa préface au *Traité du calcul intégral*
de *Stone.*

Quant aux autres quadratures que proposait
Grégoire de Saint-Vincent, elles aboutissent

toutes à un semblable raisonnement, qui compare plusieurs raisons entre elles; ainsi le défaut objecté à la première se trouve dans celles-ci. Un géomètre allemand, nommé *Kinner*, dont j'ai l'ouvrage, entreprit cependant la défense de la seconde; mais cette défense, comme celles de *Sarassa* et *Aynscom*, solide dans les points non contestés, ne résout pas plus qu'elles le nœud de la difficulté.

IX.

La querelle entre *Grégoire de Saint-Vincent* ou ses disciples, et les contradicteurs de sa quadrature, était à peine finie, qu'un ouvrage publié par un géomètre anglais occasiona une nouvelle discussion; la cause en était d'une nature bien différente de celle qu'on vient de voir. *Jacques Gregory*, c'est ce géomètre, prétendit démontrer, dans un traité intitulé *Vera circuli et hyperbolæ quadratura*[1], que ces quadratures étaient impossibles. Le titre de ce livre, quoique contradictoire, ce semble, avec son objet, ne l'est cependant pas en Géo-

---

[1] *Patavii*, 1668, ou les *Opera varia* de *Huygens*, p. 407.

métrie ; c'est résoudre un problème que d'en démontrer l'impossibilité : ainsi *Gregory* ayant, à son avis, démontré celle de la quadrature du cercle, pouvait donner légitimement à son ouvrage le titre qu'il porte. Les quadratures approchées qu'il y donne sont les seules vraies, puisqu'elles sont les seules qui soient possibles.

Gregory établissait cette impossibilité sur quelques propriétés des polygones inscrits et circonscrits, et sur la nature de certaines suites qu'il nomme *convergentes*. Elles diffèrent des suites ordinaires en ce que, dans celles-ci, ce serait la somme de tous les termes qui donnerait la vraie valeur cherchée, et qu'on en approche d'autant plus qu'on en prend un plus grand nombre : dans les suites de *Gregory*, chaque terme exprime la valeur cherchée d'autant plus exactement qu'il est plus éloigné du premier.

Si CADB (*fig.* 15, 16, 17) représente un secteur circulaire, elliptique ou hyperbolique, après avoir tiré la corde AB, le diamètre CF, les tangentes AF, BF, puis encore les cordes AD, BD et la tangente GDE, on aura quatre secteurs de polygone, dont deux inscrits et deux circonscrits. Or, le rapport de ces figures est tel, que le polygone CADB est moyen géométrique entre l'inscrit CAB et le circonscrit correspondant CAFB, et que le polygone CAGDEB est moyen harmonique entre CAFB et CADB. Si l'on continue à l'infini une inscription et une circonscription semblables, il se formera une suite infinie de polygones inscrits et circonscrits qui observeront toujours la loi précédente; ce qui fournit une méthode très simple pour déterminer tous ces polygones, les deux premiers seuls étant donnés; car, soient A et B ceux-ci; le second inscrit C sera moyen géométrique entre A et B, et le second circonscrit D sera moyen harmonique entre C et B; de même le troisième inscrit E sera moyen géométrique entre C et D, et le troisième circonscrit moyen harmonique entre E et D, et ainsi à l'infini [1]. Cette suite enfin se terminera à deux termes égaux entre eux et au secteur que je nomme S; et l'on aurait consé-

---

[1] La proportion *harmonique,* dont on ne s'occupe plus dans les livres élémentaires, *se compose de trois termes tels que la différence entre le 1er et le 2e est à la différence entre le 2e et le 3e comme le 1er est au 3e :* c'est ce qui arrive aux nombres 3, 4, 6, puisque

quemment la quadrature du cercle et de l'hyperbole, si l'on pouvait exprimer ce dernier
terme.

Il n'est pas douteux que la loi d'une progression semblable ne puisse être telle qu'il soit
possible, dans certains cas, de trouver cette
terminaison. *Gregory* en donne quelques
exemples où il réussit heureusement ; mais,
dans celui dont il s'agit ici, non–seulement il
désespère d'y réussir, mais il entreprend même
de prouver qu'il est impossible de le faire : son
raisonnement approche beaucoup de la démonstration, et se réduit au suivant.

Il est de la nature d'une suite semblable à

$4 — 3 : 6 — 4 :: 3 : 6$. Ces nombres étant employés
dans la théorie des accords musicaux, ont fait donner
à cette proportion l'épithète d'*harmonique*. Dans le
cas des polygones C, D et B, on aura

$$D — C : B — D :: C : B,$$

d'où $BD — BC = BC — DC$;   puis, $D = \dfrac{2BC}{B + C}$.

Cette expression conduit à une autre plus connue,
en observant que la proportion $A : C :: C : B$, donne
$A + C : C + B :: A : C$; et prenant la valeur de $C + B$
pour la mettre dans celle de D, il viendra $D = \dfrac{2AB}{A + C}$.

celle qu'on vient de décrire, et qui peut se disposer ainsi :

$$\left.\begin{array}{l} A, \ C, \ E, \ldots\ldots\ldots\ldots \\ B, \ D, \ F, \ldots\ldots\ldots\ldots \end{array}\right\} S,$$

que chaque terme, C, par exemple, soit composé de A et B, comme E l'est de C et D, etc.; et que de même D soit composé de A, B, comme F de C, D, etc. C'est encore une conséquence de la génération de cette suite, que chaque terme, le dixième, par exemple, après A, B, soit composé de A, B comme le dixième après E, F l'est de ces derniers. Par conséquent, le terme infiniment éloigné, et qui l'est par là également de tous ceux de la suite, sera semblablement composé de chacun des couples A, B, ou C, D, ou E, F, etc.; et si, malgré ce raisonnement, on pouvait encore douter de la certitude de cette conclusion, on la confirmerait en remarquant que lorsque, par sa nature, le dernier terme est assignable, on le trouve par cette voie (*voyez* prop. 7 et suiv.), ce qui ne serait point, si cette propriété du dernier terme était fausse : on peut encore s'en assurer par d'autres raisonnemens.

Si l'on examine à présent la nature des premiers termes de cette suite, on s'apercevra

que le dernier terme cherché est inassignable
analytiquement et en termes finis ; car, prenant
pour les termes A, B, des expressions de la
forme $a^3 + a^2b$ et $ab^2 + b^3$, afin d'éviter que
C, D deviennent irrationnels, on a pour ceux-
ci $a^2b + b^2a$ et $2b^2a$. Cela étant, le dernier
terme S de cette suite convergente, qui exprime le secteur circulaire ou hyperbolique,
devrait être une quantité composée des termes $a^3 + a^2b$ et $ab^2 + b^3$, comme de ceux-ci,
$a^2b + b^2a$ et $2b^2a$; c'est-à-dire que les mêmes opérations analytiques qui formeraient ce
terme S des deux premiers, étant appliquées
aux deux seconds, devraient produire la même
quantité : or, c'est ce qui ne se peut en aucune manière ; car le terme a^3, puissance
plus élevée qu'aucune autre de la même lettre
dans les autres termes, donnera nécessairement dans les produits semblables, une puissance plus élevée, et il en résultera aussi une
expression plus composée des premiers termes,
qui le sont davantage que les seconds. Le
dernier terme S ne peut donc s'exprimer analytiquement en termes finis, puisqu'il faudrait
pour cela que cette expression analytique fût
un même produit résultant de deux couples
de grandeurs, qui, soumis aux mêmes opéra-

tions, doivent donner des produits différens et inégaux. On peut voir ce raisonnement plus développé dans la proposition 11 du traité de *Gregory*. J'ajouterai à ces raisons que ce n'est que dans l'infini que peut disparaître cette inégalité; ainsi l'expression du dernier terme S doit être d'une composition d'un degré infini : or, c'est ce qui n'est susceptible d'aucune résolution analytique en termes finis.

Les démonstrations négatives semblent avoir ce défaut, de ne point porter la même lumière que les positives; et c'est peut-être par cette raison que celles qui ont eu pour objet de démontrer l'impossibilité de la quadrature du cercle n'ont jamais eu un grand succès. Celle-ci ne parut point concluante à *Huygens* : prié d'en dire son avis, de même que du reste de l'ouvrage, il l'exposa par un écrit qui parut dans le *Journal des Savans*, du 2 juillet 1668; il y prétendit renverser entièrement les démonstrations de *Gregory*. Celui-ci répondit peu après dans les *Transactions philosophiques*, n° 37; il y convint de quelques inadvertances qui avaient procuré à son adversaire un léger avantage; il y établissait d'ailleurs assez solidement d'autres points contestés par *Huygens*, pour que celui-ci s'y rendît ; mais il persista

dans un nouvel écrit, inséré dans le même journal de la même année; il persista, dis-je, à prétendre que la démonstration principale ne concluait pas tout ce que *Gregory* en inférait. A la
vérité, il paraissait se rendre sur l'impossibilité
de la quadrature indéfinie; mais il niait toujours
que l'on pût en conclure la même chose à l'é-
gard de celle du cercle entier, ou de quelqu'un
de ses segmens ou secteurs déterminés. *Gregory* répondit de nouveau à ces objections, et
fit un dernier effort pour y établir son sentiment. On trouve entre autres, dans la ré-
plique, un raisonnement qui paraît conclure
qu'afin que la raison d'un secteur, à l'un des polygones inscrits, fût exprimée analytiquement,
il faudrait que cette expression fût d'un degré
infiniment élevé. Cette conséquence est conforme à ce qui est toujours arrivé par quelque
méthode qu'on ait entrepris de résoudre ce fameux problème; l'analyse a toujours donné
des expressions en termes infinis, qui ne sont
que des équations d'un degré infini. Il résulte
de là une grande présomption en faveur du
raisonnement de *Gregory*. Les géomètres admettent aujourd'hui, d'une commune voix,
que la quadrature indéfinie du cercle est impossible; mais, quant à la quadrature définie,

on suspend encore son jugement. L'impossibilité de la première espèce de quadrature n'entraîne pas nécessairement celle de la seconde, puisque *Bernoulli* a démontré qu'il y avait des courbes qui, quoique non quarrables indéfiniment, ne laissent pas d'offrir un ou plusieurs espaces déterminés absolument quarrables : on n'a point encore démontré que cela ne puisse pas arriver dans le cercle.

[1] Après avoir réfléchi encore plus attentivement sur le raisonnement de *Gregory*, il me paraît avoir eu raison d'en déduire l'impossibilité de la quadrature même définie du cercle; car s'il est vrai, comme il semble qu'on ne peut le lui contester, qu'en général le rapport d'un segment ou d'un secteur au polygone inscrit ou circonscrit ne peut être exprimé par une fonction finie, il est évident que cela aura également lieu à l'égard du cercle entier, et de quelque segment ou secteur particulier que ce soit. Il n'y aura donc dans le cercle aucun segment ou secteur dont le rapport avec une figure rectiligne puisse être exprimé en termes finis; ce qui exclut la quadrature du cercle

---

[1] Cet alinéa était une addition faite par l'auteur à la fin de l'ouvrage; on l'a mise à sa place.

entier, et de tout autre segment quelconque.

Il y eut aussi quelques contestations entre
ces deux géomètres, sur le mérite des approximations qu'ils avaient données dans leurs ouvrages. *Huygens* non-seulement mit celles de
Gregory au-dessous des siennes, mais il re-
marqua que quelques-unes d'entre elles étaient
les mêmes que celles qu'il avait déjà publiées
dans d'autres termes. La remarque était vraie;
cependant le travail de *Gregory* ne laisse pas
d'avoir quelque avantage, et de l'emporter,
à certains égards, sur celui de *Huygens*. En
effet, les approximations que celui-ci avait
bornées au cercle, et cela parce que sa méthode
ne pouvait le conduire plus loin; ces approximations, dis-je, conviennent également à l'hyperbole. La méthode du géomètre anglais ne
sépare point ces deux courbes, qui tiennent
l'une à l'autre par tant de propriétés analogues.
Cette raison me détermine à les remettre ici
sous ce point de vue plus général. Que A, C
représentent deux polygones ou secteurs de polygones CAB, CADB inscrits de suite, comme
on l'a déjà expliqué, soit au cercle, soit à l'ellipse ou à l'hyperbole (*fig.* 15, 16, 17), et
que B, D soient les polygones circonscrits correspondans CAFB, CAGEB; le secteur est plus

grand que le polygone C$\pm$le tiers de la différence entre A et C. Le signe *plus* est pour
le cercle, et le signe *moins* pour l'hyperbole;
mais le même secteur est moindre que la seconde des deux moyennes, soit arithmétiques, soit géométriques, entre les polygones
C, D. J'entends par la seconde, la plus voisine du polygone circonscrit, qui est la plus
grande dans le cercle et l'ellipse, et la moindre dans l'hyperbole. Les deux limites sont
par conséquent.......... $\dfrac{4C - A}{3}$ et $\dfrac{C + 2D}{3}$.

Huygens revendiquait ces deux déterminations; mais on peut dire qu'indépendamment
de la généralité que leur donnait *Gregory*,
la méthode qui l'y conduisait les lui rendait
propres. *Gregory* ajoute qu'on en approchera
de plus près en prenant entre les limites précédentes la plus grande des quatre moyennes
arithmétiques, savoir $\dfrac{8D + 8C - A}{15}$, d'où il résulte le triple des chiffres exacts dans l'approximation qu'on en tire; je veux dire que si les
limites précédentes donnent une valeur de la
courbe qui ne diffère de la véritable que d'un
100000e, la dernière en donnera une qui ne
différera que d'un 1 00000 00000 0000e. Ap-

pliquons, avec *Gregory*, ces vérités plus particulièrement aux arcs de cercle.

Si A est la corde d'un arc et B les deux
cordes, prises ensemble, des moitiés de cet arc,
qu'on fasse, 1°. A + B : B :: 2B : C, on aura
$\frac{8C + 8B - A}{15}$ plus grande que l'arc, la différence n'étant qu'environ $\frac{1}{300000}$, lorsque l'arc
égale le quart du cercle, et beaucoup moindre
quand il est une moindre portion de la circonférence ; 2°. soit A : B :: B : D ; alors...
$\frac{12C + 4B - D}{15}$ sera moindre que l'arc et en différera à peine d'un 60000ᵉ, lors même qu'il
égalera le quart du cercle ; 3°. qu'on prenne enfin
entre ces limites la seconde des six moyennes
arithmétiques (en commençant par la plus
grande), elle sera moindre que l'arc, et l'er-
reur n'égalera pas $\frac{1}{300000}$, dans le cas où il serait
un quart de cercle. Ces dernières approxima-
tions de *Gregory* l'emportent incontestable-
ment sur celles de son adversaire ; elles ont
même cet avantage, d'être sans comparaison
plus aisées à calculer. On peut voir toutes les
pièces de cette contestation littéraire dans les
Opera varia de *Huygens* (p. 405, et les *Remarques* de *Huygens*, p. 463) ; on y trouve

même le traité de *Gregory*, qui y a été inséré sans doute pour épargner au lecteur la peine de recourir à un ouvrage devenu rare et difficile à se procurer.

X.

Je dois remarquer ici que *Gregory* n'est pas le seul qui ait réputé la quadrature du cercle impossible ; divers autres avant et après lui l'ont regardée comme telle ; et il faut convenir que, quoique leur sentiment ne soit pas appuyé sur une démonstration complète, il a néanmoins une probabilité qui approche beaucoup de la certitude : en effet, quel motif d'en juger ainsi ne fournissent pas tant d'efforts superflus qui ont eu ce fameux problème pour objet ? Quand je parle d'efforts superflus, je suis bien éloigné de penser aux ridicules tentatives de ces hommes à qui l'on ne saurait accorder le titre de géomètre sans l'avilir et le prostituer ; mais un grand nombre de génies supérieurs, les *Archimède*, les *Apollonius*, les *Huygens*, les *Gregory*, les *Wallis*, etc., sans parler de tant d'autres plus modernes, qui, après des peines inutiles, se sont vus réduits à perfectionner seulement la méthode d'approximation : tous ces génies, dis-je, semblent fournir de cette impossibilité une preuve qui approche beaucoup de la démonstration. Au reste, ceci ne regarde que la quadrature définie du cercle ; c'est une vérité aujourd'hui reconnue, que l'indéfinie est impossible, comme l'illustre *Newton* l'a démontré dans ses *Principes* : il y fait voir que non-seulement le cercle, mais qu'aucune courbe rentrant en elle-même comme le cercle, l'ellipse, etc., n'est susceptible de quadrature indéfinie générale, non plus que de rectification, car l'équation qui exprimerait indéfiniment cette aire devrait être d'un degré infini. La manière dont *Newton* établit cette vérité est particulière [1], j'en donnerai une autre plus bas. Après *Newton,* je trouve, dans les *Mém. de l'Académie* avant 1699 (t. II, p. 220), *Rolle* cité comme ayant démontré la même chose. *Saurin* l'a fait encore dans les *Mémoires* de 1720 (p. 15). En voici une démonstration très simple.

Que l'on ait quarré l'aire indéfinie du cercle

---

[1] *Philosophiæ naturalis principia Mathematica,* lib. I, lemma XXVIII, p. 106 de l'édition de 1726, et t. Ier, p. 116 de la traduction française par Mme Duchâtelet.

ou le segment correspondant à une abscisse quelconque x ou CP (*fig.* 18), et qu'il soit exprimé par X, qui est une fonction quelconque de x, c'est-à-dire une expression formée de x et de ses puissances combinées, comme l'on voudra, avec des coefficiens constans ; puisque cette fonction est d'un degré déterminé, l'exposant de la plus haute puissance de x sera un nombre fini n ; et il est évident qu'on aura par une équation finie le rapport des secteurs ACB, BCE, savoir, en ôtant du segment AP, le triangle CBP et l'ajoutant à BPE. Le rapport des arcs AB, BE quelconques étant donné, on aura conséquemment par une équation finie, celui de CP, CE, ou CP, PE ; c'est-à-dire qu'on pourra indéfiniment diviser la circonférence du cercle en deux parties en raison quelconque, en n'ayant à résoudre qu'une équation d'un degré déterminé n. Mais la théorie des sections angulaires nous apprend que cela est impossible ; car la raison proposée entre les arcs AB, AE, étant exprimée par deux nombres premiers entre eux et plus grands que n, l'équation qui en résultera sera nécessairement d'un degré plus élevé que n ; et si ce rapport est irrationnel, il faudra nécessairement une équation d'un degré infini.

Quel que soit le nombre n, il ne peut donc être fini et déterminé, puisqu'il doit répondre à tous les cas imaginables des sections angulaires, et qu'il y en a une infinité qui conduisent à des équations d'un degré infini [1].

---

[1] *Voyez* l'ADDITION à la p. 110.

CHAPITRE IV.

Des découvertes faites sur la mesure du cercle, à l'aide des nouveaux calculs, où l'on esquisse, par occasion, l'histoire de la naissance du calcul intégral.

I.

Les découvertes qu'on vient de voir sur la mesure du cercle suffiraient déjà pour donner une grande idée de la sagacité des géomètres qui les ont produites; mais, sans les déprimer en aucune manière, nous osons dire qu'elles ne sont encore qu'une petite partie de ce que la Géométrie a fait à cet égard. C'est proprement aux calculs modernes que nous sommes redevables des grandes lumières sur ce sujet; ce sont les *Wallis*, les *Newton*, et quelques illustres analystes, dignes successeurs de ces excellens génies, qui lui ont donné la dernière perfection dont il paraît susceptible. L'ordre des progrès de ces découvertes nous engage à développer la naissance du calcul intégral; nous en avons saisi l'occasion avec d'autant plus d'empressement que c'est le principal endroit par où nous avons espéré de rendre cet ouvrage intéressant pour les géomètres.

II.

Ils savent que l'objet de la Géométrie de l'infini est de trouver le rapport de la somme des élémens infinis en nombres qui croissent ou décroissent suivant une certaine loi et dont une figure est composée, avec la somme des élémens égaux entre eux et au plus grand, et contenus dans un rectangle de même base et de même hauteur. On n'eut pas beaucoup de peine à déterminer ce rapport, quand les élémens suivaient une loi simple, telle que celle des termes d'une progression arithmétique, ou de leurs puissances. *Fermat, Descartes* et *Roberval* s'aperçurent, même avant *Cavalleri*, de la formule générale qui exprime ce rapport : *Cavalleri* s'y éleva aussi bientôt après de lui-même, dans ses *Exercitationes geometricæ*. Les ordonnées étant comme les puissances m de l'abscisse, soit entières, soit fractionnaires, $\dfrac{1}{m+1}$ exprime en général le rapport de la figure à celle d'un rectangle de même base et même hauteur.

Mais tout cela n'était que quelques rayons échappés d'une plus grande lumière, que *Wallis* dévoila dans son *Arithmetica infinitorum*, 1657 [1]. Cet illustre géomètre, en suivant le fil de l'analogie, qui fut toujours sa méthode favorite, ajouta beaucoup à ces découvertes; ce fut, par exemple, l'analogie qui le conduisit à étendre la formule donnée ci-dessus, aux cas même où l'ordonnée est en raison réciproque de l'abscisse. On lui doit l'ingénieuse idée de regarder les fractions comme des puissances dont les exposans sont négatifs : ainsi $\frac{1}{x^m}$ n'est autre chose que x^{-m}. Il fit enfin à l'égard de cette sorte de Géométrie, qui s'occupe de la mesure des grandeurs, ce que *Descartes* avait fait sur celle qui recherche les propriétés des lignes courbes : il y appliqua un calcul commode; et par là soumit à la Géométrie quantité d'objets qui lui avaient jusqu'alors échappé.

On tire aisément de la théorie de *Wallis* la mesure de toutes les paraboles, de leurs solides de circonvolution, etc., de toutes les figures enfin dont les élémens exprimés analytiquement ne renferment point de quantité

---

[1] *Wallis Opera*. t. I, p. 355.

complexe, et de variables sous le signe radical, ou qui ne peuvent s'en dégager par quelque substitution. Ainsi les figures dont les élémens sont exprimés indéfiniment par $(a^2 \pm x^2)^0$, $(a^2 \pm x^2)^1$, $(a^2 \pm x^2)^2$, etc., se quarreront aisément; car ces expressions sont respectivement $1, a^2 \pm x^2$, $a^4 \pm 2a^2x^2 + x^4$, qui donnent, suivant les principes de *Wallis*, $x, a^2x \pm \dfrac{x^3}{3}$,

$$a^4x \pm \frac{2a^2x^3}{3} + \frac{x^5}{5},$$ pour les aires correspondantes aux abscisses x. Ces conséquences sont tout-à-fait conformes au résultat du calcul intégral appliqué aux mêmes exemples.

Il n'y a de la difficulté que dans les termes où les puissances de $a^2 \pm x^2$ sont des nombres fractionnaires, ou lorsqu'elles sont négatives. Le premier cas est celui de l'expression de l'ordonnée du cercle, qui est $\sqrt{a^2 - x^2}$, ou $(a^2 - x^2)^{\frac{1}{2}}$; x étant l'abscisse prise à compter du centre, et le rayon étant a. On ne connaissait pas encore, à cette époque, la manière de développer cette expression en termes rationnels; et c'était une condition nécessaire pour y appliquer l'Arithmétique de l'infini.

III.

Wallis, après avoir quarré un grand nombre de figures, se trouva donc arrêté comme on l'avait été jusqu'alors à la mesure du cercle : il tenta de surmonter cet obstacle ; et, au défaut d'une méthode directe, il imagina les *interpolations,* auxquelles on a même donné son nom, car on les appelle souvent *wallisiennes.* Cette méthode d'interpolation consiste à observer, dans une suite de termes quelconques, la loi générale qui règne entre eux, et à insérer entre deux termes, un ou plusieurs autres qui suivent aussi cette loi. C'est ainsi, pour en donner un exemple assez simple, qu'ayant la progression des nombres triangulaires 0, 1, 3, 6, 10, 15, etc., dans laquelle on voudrait insérer un terme entre chacun d'eux, on remarquerait que leur différence croissant en progression arithmétique, il faut que cette loi s'observe encore entre les termes de la nouvelle progression, c'est-à-dire que la différence y croisse encore arithmétiquement. Pour y parvenir, soient x et z les deux termes à insérer entre 0 et 1, 1 et 3, d'où naîtra la suite 0, x, 1, z, 3; on aura d'abord x, $1 - x$, $z - 1$ en proportion arithmétique

continue; ce qui donnera $x = \dfrac{3-z}{3}$. La seconde équation viendra des trois différences
$1-x$, $z-1$, $3-z$, qui doivent encore former une progression arithmétique continue, ce
qui donnera $z = \dfrac{6-x}{3}$. Or, cette valeur de z
substituée dans la première expression de x,
donnera enfin $x = \frac{3}{8}$; on trouvera de même
$z = 1\frac{7}{8}$: la suite interpolée sera donc $0, \frac{3}{8}, 1, 1\frac{7}{8}$,
$3, 4\frac{3}{8}, 6$, etc., dont les différences sont encore
en progression arithmétique, savoir, $\frac{3}{8}, \frac{5}{8}, \frac{7}{8}$, etc.
Tel est l'esprit des interpolations; et en voilà
assez pour mettre les personnes intelligentes
en état d'aller plus loin dans l'occasion : appliquons ceci à la mesure du cercle.

On remarquera donc, avec *Wallis;* qu'on
a une suite d'expressions, comme $(a^2-x^2)^0$,
$(a^2-x^2)^1$, $(a^2-x^2)^2$, $(a^2-x^2)^3$, etc., dont les
exposans des puissances, savoir, $0, 1, 2, 3$, etc.,
croissent arithmétiquement [a]; on a aussi les
sommes des élémens que ces expressions désignent, ou les rapports des figures composées
de ces élémens au rectangle de même base
et même hauteur : dans le cas particulier où

---

[a] *Arithmetica infinitorum* et *Algebra* (*Opera,* t. I,
p. 443; t. II, p. 344, 356).

$x = a$, ils sont respectivement, $1, \frac{2}{3}, \frac{8}{15}, \frac{48}{105}$, etc., ou, pour observer plus facilement la loi qui règne entre eux, $1, \frac{2}{3}, \frac{2.4}{3.5}, \frac{2.4.6}{3.5.7}$, etc. Or, qu'on insère dans la suite des expressions $(a^2-x^2)^0$, $(a^2-x^2)^1$, etc., celle-ci : $(a^2-x^2)^{\frac{1}{2}}$, elle tombera entre la première et la seconde, comme $(a^2-x^2)^{\frac{3}{2}}, (a^2-x^2)^{\frac{5}{2}}$ tomberont entre la seconde et la troisième, la troisième et la quatrième ; et il se formera une progression régulière de l'expression (a^2-x^2), dont les exposans seront successivement $0, \frac{1}{2}, 1, 1\frac{1}{2}, 2, 2\frac{1}{2}$, etc., encore arithmétiquement croissans, mais par des différences qui ne seront que la moitié des précédentes. Or, ne pouvant avoir directement les sommations de ces termes nouveaux, on les conclurait du moins de la suite........ $1, \frac{2}{3}, \frac{8}{15}, \frac{48}{105}$, etc., si l'on pouvait y insérer de nouveaux termes entre le premier et le second, le second et le troisième, etc., et que ces nouveaux termes, d'après l'esprit de l'interpolation, suivissent exactement la loi qui règne dans cette progression, de même que leurs correspondans $(a^2-x^2)^{\frac{1}{2}}$, etc. suivent la loi de la progression où on les a insérés. Le problème de la quadrature du cercle, envisagé de

cette manière, se réduit donc à interpoler entre
1 et $\frac{2}{3}$ le terme qui convient à la progression..

$$1, \frac{2}{3}, \frac{2.4}{3.5}, \frac{2.4.6}{3.5.7}, \text{ etc.}$$

IV.

Il serait long, et beaucoup plus que les limites de cet ouvrage ne me le permettent, de
développer tout le reste de la théorie, toutes
les remarques adroites que fait *Wallis* dans
cette vue; il trouve enfin que ce terme est
la suite infinie $\dfrac{2.4.4.6.6.8.8.10.10.\text{etc.}}{3.3.5.5.7.7.9.9.11.\text{etc.}}$, ou, ce

ce qui revient au même, $\dfrac{2}{3} \cdot \dfrac{16}{15} \cdot \dfrac{36}{35} \cdot \dfrac{64}{63} \cdot \dfrac{100}{99}$. etc.,

à l'infini, ou encore $\dfrac{8}{9} \cdot \dfrac{24}{25} \cdot \dfrac{48}{49} \cdot \dfrac{80}{81}$. etc., à l'infini [a]. Celle-ci, dans quelque endroit qu'on la
termine, donne une valeur plus grande que la
vraie; la précédente la donne toujours moindre,
d'où l'on peut se former des limites de plus en
plus serrées : mais si l'on voulait employer cette
expression à des approximations de l'aire du
cercle, *Wallis* en fournit un moyen plus court
que le précédent : le cercle est toujours plus

---

[a] *Arithm. infinit.*, prop. 191 (*Opera*, t. I, p. 467).

grand que l'expression

$$\frac{2.4.4.6.6.8.8.10 \ldots\ldots\ldots z}{3.3.5.5.7.7.9.9 \ldots\ldots (z-1)} \sqrt{\frac{z-1}{z}},$$

et moindre que

$$\frac{2.4.4.6.6.8\ 8.10 \ldots\ldots\ldots z}{3.3.5.5.7.7.9.9 \ldots\ldots (z-1)} \sqrt{\frac{z}{z+1}}.$$

z exprime ici le dernier terme, ou celui où l'on veut s'arrêter; et il faut qu'il soit tel, que son inférieur correspondant soit moindre d'une unité, ou, ce qui est la même chose, que le nombre des termes soit pair. Ces limites sont démontrées par la manière dont *Wallis* trouve son expression; car il ne la conclut infinie que parce qu'il la trouve d'abord plus grande que $\frac{2.4}{3.3} \sqrt{\frac{3}{4}}$, puis moindre que $\frac{2.4}{3.3} \sqrt{\frac{4}{5}}$, ensuite plus grande que $\frac{2.4.4.6}{3.3.5.5} \sqrt{\frac{5}{6}}$, puis moindre que $\frac{2.4.4.6}{3.3.5.5} \sqrt{\frac{6}{7}}$, et ainsi de suite à l'infini. Or, il sera aisé d'assigner par là quel nombre de termes il faudrait employer pour arriver à un degré d'exactitude requis. Au reste, si quelqu'un doutait de la vérité de cette expression, je remarquerai en sa faveur qu'elle se réduit à la suite si connue pour le cercle,

$1 - \frac{1}{3} + \frac{1}{5} -$ etc. *Euler* le démontre dans les
Mémoires de Pétersbourg[a], dans l'un desquels
ce savant géomètre enseigne à transformer de
différentes manières les suites infinies pour les
réduire à la forme qu'on juge la plus avantageuse; ceux qui ne se rendent qu'à la multitude des preuves, regarderont celle-ci comme
une confirmation frappante de la vérité de l'une
et de l'autre suite.

V.

Wallis paraît être dans une opinion fort
semblable à celle de *Gregory* sur la quadrature
du cercle; il penche beaucoup à la regarder
comme absolument impossible : les paroles
suivantes contiennent son sentiment à ce sujet; elles sont remarquables. « Je suis fort
» porté à croire, dit-il, ce que j'ai soupçonné
» dès le commencement, que le rapport du
» cercle à une figure rectiligne, est d'une na-
» ture à ne pouvoir être désigné par aucune
» expression encore reçue, pas même par des
» nombres irrationnels; de sorte qu'il serait
» peut-être nécessaire d'introduire quelque nou-
» velle manière d'expression autre que les

[a] T. IX, ann. 1737, p. 178.

» nombres rationnels et irrationnels. [a] » Une
des raisons qui déterminaient *Wallis* à cette
manière de penser, était la remarque qu'il faisait, que la Géométrie connaît dès long-temps
une infinité de grandeurs absolument irréductibles à des nombres rationnels. L'ordre et l'analogie ne conduisent-elles pas à penser, en conséquence, qu'il peut y en avoir d'autres qui soient,
à l'égard des nombres irrationnels eux-mêmes,
ce que ceux-ci sont à l'égard des premiers? J'a-
jouterai que la Géométrie ne se borne pas à ce
seul exemple; il y a des ordres entiers de problèmes absolument irréductibles à d'autres in-
férieurs : la rectification de l'ellipse et de l'hyperbole paraît être de cette nature, comparée
à la quadrature de ces courbes, et celles-ci
le sont probablement de même, comparées à
quelque figure rectiligne que l'on voudra,
soit rationnelle, soit irrationnelle au quarré de
leur diamètre. Dans ce cas, il est aussi chimé-
rique de chercher la quadrature du cercle et
de l'hyperbole autrement que par approximation, que de prétendre assigner exactement la
racine d'un nombre qui n'est pas un quarré.

---

[a] *Arithm. infin.*, prop. 190, *scholium Algebræ*,
c. 83 (*Opera*, t. I, p. 465; t. II, p 353.)

VI.

La découverte qu'on vient d'exposer fut bientôt suivie d'une autre qui ne lui cède point en beauté; elle est due à milord *Brouncker* que *Wallis,* travaillant à interpoler sa suite $1, \frac{2}{3}, \frac{8}{15}$, etc., consulta sur la manière dont on pourrait y parvenir. *Brouncker* s'y appliqua; et pendant que *Wallis,* guidé par son analyse, rencontrait l'expression qu'on a déjà fait connaître, il trouva de son côté la suivante. C'est l'unité divisée par

$$1 + \cfrac{1}{2 + \cfrac{9}{2 + \cfrac{25}{2 + \cfrac{49}{2 + \text{etc.}}}}}$$

La nature de cette expression est aisée à apercevoir; la voici cependant plus développée pour ceux à qui elle ne serait pas assez évidente : c'est une fraction qui diffère des autres en ce que, dans celles-ci, le dénominateur est un nombre entier fini et terminé; mais celle que donne milord *Brouncker* a pour dénominateur un nombre entier plus une fraction, dont le dénominateur est lui-même composé de la même manière, et ainsi à l'infini. Ici l'en-

tier du dénominateur est toujours 2, et les numérateurs des fractions sont successivement les
quarrés des nombres impairs 1, 3, 5, 7, etc.
Cette suite infiniment prolongée exprime le
rapport du quarré du diamètre au cercle, en
faisant le diamètre égal à l'unité; mais lorsqu'on la terminera, on aura alternativement
des limites par excès et par défaut : ainsi $1 + \frac{1}{2}$

est trop grand, $1 + \cfrac{1}{2 + \frac{9}{2}}$ est trop petit, etc.

Au reste, ces limites seront beaucoup plus resserrées si l'on fait toujours le dernier dénominateur égal à la racine de son numérateur
augmenté de 2; on aura alors alternativement

$$1 + \frac{1}{3}, \quad 1 + \cfrac{1}{2 + \frac{9}{5}}, \quad 1 + \cfrac{1}{2 + \cfrac{9}{2 + \frac{25}{7}}},$$

dont la première est encore plus grande que
la vérité, la seconde moindre, la troisième
plus grande, et ainsi à l'infini. Une invention
si remarquable méritait d'être confirmée par
une démonstration : *Wallis* en a donné une à
la fin de son *Arithmétique des infinis*; mais
on ne connaît point l'analyse qui y conduisit
mylord *Brouncker*, et l'on doit regretter, avec

Euler [a], qu'elle n'ait jamais été communiquée.

VII.

Les fractions de cette forme ont plusieurs propriétés remarquables, qui leur ont mérité l'attention spéciale d'*Euler* : on voit sur ce sujet un savant écrit de ce géomètre, dans les *Mémoires de Pétersbourg* [b]. Parmi plusieurs usages auxquels il les emploie, il y en a un qui appartient à l'objet présent. Il s'en est servi pour résoudre ce problème : *une fraction exprimée par de grands nombres étant donnée, par exemple, la raison de la circonférence au diamètre, de* 3 14159 26535 *etc. à* 1 00000 00000 *etc., il s'agit de trouver toutes les fractions en moindres termes, qui approchent de si près de la proposée qu'il soit impossible d'en approcher davantage sans y employer de plus grands nombres.* On veut, par exemple, trouver dans les fractions dont le numérateur ne passe pas 10, ou 100, ou 1000, celle qui diffère le moins qu'il est possible de la vé-

---

(a) *Mémoires de Pétersbourg*, t. IX, p. 101, et *Opuscula analytica*, t. II, p. 149.

(b) *Mémoires de Pétersbourg*, t. IX, p. 98.

rité; il faut pour cela réduire ce rapport en fraction continue; c'est ce qu'on fera en divisant 31415 etc. par 10000 etc. Le quotient est 3, ensuite on divisera 10000 etc. par le reste 1415 etc., et l'on trouvera 7; on continuera de même, en divisant 1415 etc., par le reste de celle-ci, et l'on aura 15, et ainsi de suite : la fraction continue sera donc

$$3 + \cfrac{1}{7 + \cfrac{1}{15 + \cfrac{1}{1 + \cfrac{1}{192 + \text{etc.}}}}}$$

ce qui donne la solution du problème [1]. En effet, $\frac{3}{1}$ est moindre qu'il ne faut; vient ensuite la fraction $\frac{22}{7}$, trouvée par *Archimède*, et qui, de toutes celles dont le numérateur ne passe

---

[1] L'opération ne peut pas se faire sur des nombres indéfinis, comme l'auteur semble l'indiquer ici; de plus, il faut avoir une attention dont il ne parle pas. Le rapport proposé n'étant jamais rigoureusement exact, quelque grand que soit le nombre des chiffres qu'on y emploie, on ne doit pas pousser ce calcul jusqu'à la fin : il faut opérer en même temps sur deux fractions, l'une plus petite, l'autre plus grande que le rapport exact, et se borner aux quotiens qui sont communs aux deux.

pas 100, est la plus exacte par excès. Les
trois premiers termes donnent $\frac{333}{106}$; et avec un
terme de plus on a celle de *Metius*, $\frac{355}{113}$, qui
est excédante : ces dernières sont les plus
exactes (l'une par défaut, l'autre par excès), de
toutes celles qui n'ont pas un numérateur plus
grand que 1000. Celle de *Metius* surtout approche extrèmement de la vérité; on en voit
la raison dans la fraction continue, c'est que
le terme suivant $\frac{1}{192}$ est très petit. En poursui-
vant, on obtient les rapports $\frac{103993}{33102}$, $\frac{104348}{33215}$, $\frac{208341}{66317}$,
$\frac{521030}{165849}$, etc., qui ont des propriétés semblables,
et qu'*Euler* enseigne à trouver par un moyen
fort simple. *Wallis*, qui a résolu ce problème
par une méthode beaucoup plus laborieuse, a
donné une table de ces fractions poussée assez
loin [a].

VIII.

C'est une remarque digne d'attention dans
l'histoire des sciences, que les découvertes les
plus heureuses ont presque toujours été pré-

---

[a] *Algebra, cap.* 10 et 11 (*Opera,* t. II, p. 40 et 49) [1].

[1] Ce sujet a été traité de nouveau par Lagrange, dans le second
volume des *Élémens d'Algèbre* d'Euler. *Voyez* aussi le *Complément des Élémens d'Algèbre*, à l'usage de l'École centrale
des Quatre-Nations.

cédées de quelques légères ébauches qui en ont été l'occasion et le motif. Cela se vérifie ici : les idées de *Wallis* sur les interpolations, mises en œuvre plus heureusement par *Newton*, ont été le principe de presque toutes les découvertes de la nouvelle Analyse. Les suites infinies, dans la forme où nous les employons, le développement des puissances, ou le fameux binome de *Newton* et un grand nombre de nouvelles expressions de l'aire du cercle, furent le premier fruit des tentatives que ce géomètre fit pour surmonter l'obstacle qui avait arrêté *Wallis*. Il nous raconte lui-même le progrès de ces découvertes, dans sa seconde lettre, écrite à Oldembourg en 1676 [a]. Nous ne saurions suivre un guide plus sûr.

Wallis, comme on l'a vu, avait réduit la quadrature du cercle à effectuer par les principes de l'*Arithmétique des infinis*, la sommation du terme $\sqrt{1-x^2}$, sommation qui, dans le cas défini du quart de cercle, ou de... $x = 1$, est le terme à interpoler entre les deux premiers de la suite hypergéométrique,

---

[a] *Commercium Epistolicum de analysi promotâ*, édit. in-4°, 1712, p. 67, ou *Neutoni Opuscula*, t. Ier, p. 328.

$1, \frac{2}{7}, \frac{8}{15}$, etc. *Wallis* avait bien remarqué que si, dans la suite $x, x - \frac{x^3}{3}, x - \frac{2x^3}{3} + \frac{x^5}{5}$, etc., on pouvait trouver le terme moyen entre les deux premiers, on aurait quelque chose de plus parfait que la quadrature qu'on a fait connaître [a]; car on aurait alors la mesure indéfinie du segment correspondant à l'abscisse x : mais il ne put y parvenir, quoiqu'il se fût assez bien mis sur la voie : la réussite en était réservée aux premiers essais de *Newton*.

Pour suivre plus aisément la marche de ce puissant génie dans cette recherche, il nous faut exposer plus distinctement les expressions qu'on a données ci-dessus ; elles sont :

$$x,$$
$$x - \tfrac{1}{3} x^3,$$
$$x - \tfrac{2}{3} x^3 + \tfrac{1}{5} x^5,$$
$$x - \tfrac{3}{3} x^3 + \tfrac{3}{5} x^5 - \frac{x^7}{7},$$
$$x - \tfrac{4}{3} x^3 + \tfrac{5}{5} x^5 - \tfrac{4}{7} x^7 + \tfrac{1}{9} x^9.$$

Ce nombre suffira pour l'objet qu'on se propose.

Newton remarquait donc d'abord que toutes ces expressions commençaient par x, que tous

---

[a] *Algebra*, c. 82 (*Opera*, t. II, p. 352).

leurs termes étaient alternativement positifs et négatifs; que les puissances de x allaient toujours en croissant, comme x, x^3, x^5, etc. : il ne s'agissait que de trouver les coefficiens. Pour cela, il observait que la première expression, x, équivalant à $x - \frac{0}{3} x^3$, les coefficiens des termes qui occupent le second rang perpendiculaire, sont successivement $\frac{0}{3}$, $\frac{1}{3}$. $\frac{2}{3}$, etc.; ainsi l'expression à insérer entre $x - \frac{0}{3}x^3$ et $x - \frac{1}{3}x^3$, doit avoir un coefficient moyen arithmétique entre $\frac{0}{3}$ et $\frac{1}{3}$, savoir, $\frac{\frac{1}{2}}{3}$. Les deux premiers termes seront donc $x - \frac{\frac{1}{2}}{3}x^3$; et comme les dénominateurs croissent arithmétiquement et sont 3, 5, 7, etc., tout est fait à cet égard : il ne reste plus à déterminer que les numérateurs de ces coefficiens. C'est aussi précisément le nœud de la difficulté; et il y eut bien de la sagacité à remarquer, comme fit *Newton*, que m étant le numérateur du coefficient du second terme, ceux des suivans étaient successivement $\frac{m (m - 1)}{1.2}$, $\frac{m (m - 1) (m - 2)}{1.2.3}$, etc., ... ainsi qu'il est aisé de le vérifier sur les termes où ces coefficiens sont connus.

Appliquons à présent cette dernière remarque

à l'expression $x - \frac{\frac{1}{2}}{3} x^3$, — etc., où le numéra-

teur du second terme est $\frac{1}{2}$. En mettant cette va-

leur à la place de m, dans les formules ci-dessus,

on trouve pour les termes suivans, $-\frac{1}{8}$, $+\frac{1}{16}$,

$-\frac{5}{128}$, etc. Ainsi, ayant égard à la succession des

signes, on a pour le troisième terme, $-\frac{\frac{1}{8}}{5} x^5$, ou

bien, $-\frac{1}{40}x^5$; pour le quatrième, $-\frac{\frac{1}{16}}{7} x^7$, ou

$-\frac{1}{112} x^7$, etc., d'où il résulte enfin l'expression

$$x - \frac{1}{6} x^3 - \frac{1}{40} x^5 - \frac{1}{112} x^7 - \frac{5}{1152} x^9 - \text{etc.,}$$

ou, afin de mieux voir la loi de sa conti-

nuation, $x - \frac{1}{2.3} x^3 - \frac{1}{2.4.5} x^5 - \frac{1.3}{2.4.6.7} x^7$

$- \frac{1.3.5}{2.4.6.8.9} x^9 -$ etc. : telle est la première

suite qui ait été donnée pour l'aire du cercle.

Si le détail où l'on vient d'entrer a déplu à

quelque lecteur, on le prie de faire attention

que la nature de cette découverte, l'une des

plus intéressantes de l'Analyse, demandait

ce détail. La vraie histoire des sciences con-

siste à développer autant qu'il se peut le pro-

cédé même de l'invention; et cela est d'autant

plus nécessaire, que ce procédé est ordinairement différent de celui que l'on expose dans la suite.

IX.

Newton ne tarda pas à découvrir un moyen plus court et plus simple de parvenir à la même vérité : il s'aperçut bientôt après qu'il ne s'agissait que de développer le terme $\sqrt{1-x^2}$, en expressions rationnelles; il le fit d'abord en insérant, par une méthode semblable, un nouveau terme entre le premier et le second de la suite

$$1, \quad 1-x^2, \quad 1-2x^2+x^4, \text{ etc.}$$

Ici il ne faut qu'omettre les diviseurs 3, 5, 7, etc. de la précédente, et diminuer de l'unité l'exposant de chaque puissance de x : on a alors

$$1 - \frac{1}{2}x^2 - \frac{1}{8}x^4 - \frac{1}{16}x^6 - \frac{5}{128}x^8 - \text{etc.}$$

Cette remarque mit *Newton* en possession de sa formule pour élever le binome $a+b$ à une puissance quelconque m, formule qui sert encore à extraire les racines, en faisant m un nombre fractionnaire. Il s'aperçut enfin que, pour trouver la valeur rationnelle de $\sqrt{1-x^2}$, il n'y avait qu'à en extraire la racine quarrée par le procédé ordinaire : seulement, de même que dans les extractions de racines des nombres qui ne sont pas des puissances exactes, l'opération ne se terminera pas. Par cette méthode, la plus simple de toutes, du moins dans ce cas particulier, on trouve...

$\sqrt{1-x^2}$, comme ci-devant, égal à........ $1 - \dfrac{x^2}{2} - \dfrac{x^4}{8} - \dfrac{x^6}{16} - \dfrac{5x^8}{128} -$ etc., ce qui, suivant la méthode de *Wallis*, donne pour l'aire du cercle la même suite $x - \dfrac{x^3}{6} - \dfrac{x^5}{40} - \dfrac{x^7}{112} -$ etc.

Ces trois méthodes différentes, et qui conduisent précisément à la même valeur de l'aire du cercle, doivent se servir de confirmation mutuelle auprès de ceux pour qui cette analyse serait trop relevée : elles n'ont pas besoin de ce secours auprès des géomètres, pour qui elles auront chacune en particulier assez d'évidence. Je remets à tirer plus bas quelques conséquences et à donner quelques détails en faveur de ceux que ces vérités générales ne satisferaient pas.

X.

L'invention des calculs différentiel et intégral, ou, comme on les nomme en Angleterre, des fluxions et des fluentes, succéda bientôt à ces premières découvertes sur la mesure du cercle, et en fournit de nouvelles. L'illustre *Newton* en était déjà possesseur en 1668. *Mercator* publiait alors sa *Logarithmotechnie*, ouvrage dans lequel, comme on sait, il quarrait l'hyperbole par une suite infinie, et en tirait la construction des logarithmes. C'est une découverte qui, dès les années 1665, 1666, était familière à *Newton*, inconnu encore et ne cherchant point à se faire connaître; car il raconte qu'il s'amusa alors à calculer les logarithmes par la quadrature des aires hyperboliques. *Pudet dicere,* écrivait-il à *Oldenburgh,* en 1676, *ad quot figurarum loca has computationes otiosus eo tempore perduxi. Nam tunc sane nimis delectabar inventis hisce.*

La publication de l'ouvrage de *Mercator,* qui aurait excité un autre à divulguer tant de découvertes, faillit au contraire à déterminer *Newton* à supprimer toutes les siennes. Il se persuada que *Mercator,* après avoir trouvé la quadrature de l'hyperbole, ne tarderait pas à rencontrer celle du cercle, ou que, si elle lui échappait, d'autres étendraient sa découverte et l'appliqueraient à cette courbe. Il n'y avait en effet qu'un pas à faire, et un pas en apparence peu difficile ; mais ce n'est pas là le seul exemple dans l'histoire des sciences, où l'on voit une découverte manquée par celui-là même qui l'avait amenée à sa maturité. *Newton* enfin ne croyait pas être encore d'un âge assez mûr pour écrire : trait admirable et unique de modestie dans un génie si supérieur ! Qu'il devrait être gravé dans l'esprit de ces hommes dont les ouvrages prématurés annoncent la téméraire entreprise d'instruire le public de ce dont ils ont à peine une légère teinture !

Ce ne fut que sur les instances de *Barrow* que *Newton* se détermina à communiquer ses découvertes analytiques. *Barrow* était venu à connaître sur ces entrefaites cet homme rare, et il en avait senti tout le mérite ; car il était lui-même homme de génie et grand géomètre. *Newton* lui remit, aussitôt après la publication de la *Logarithmotechnie* de *Mercator*, un écrit intitulé *Analysis per æquationes numero terminorum infinitas*, qui fut envoyé à *Collins*, le *Mersenne* de l'Angleterre [1]. Dans ce traité, imprimé dans le *Commercium epistolicum*, sur la copie de *Collins*, collationnée au manuscrit de

––––––––––––––––––––

[1] On sait que celui-ci était en correspondance avec presque tous les savans de son temps.

Newton, on trouve presque tout le calcul moderne : les quadratures et les rectifications des courbes, soit de celles qui en sont susceptibles en termes finis, soit de celles qui ne les admettent qu'en suite infinie; la formation de ces suites, leur retour, l'extraction des racines, la résolution approchée des équations de tous les degrés; le principe enfin du calcul des fluxions et des fluentes, qui y est clairement énoncé et déduit du mouvement (p. 14 du *Comm. epist.*, ou *Newtoni Opuscula*, t. I, p. 18). Une exposition plus détaillée de toutes ces découvertes appartient à une histoire particulière de l'Analyse. On se bornera ici à ce qui regarde spécialement la mesure du cercle, que *Newton*, dans cet écrit, perfectionne de bien des manières. Il y enseigne à trouver indéfiniment la grandeur de l'arc, soit par la connaissance du sinus verse, c'est-à-dire de l'abscisse commençant à l'extrémité du diamètre, comme AD (*fig.* 19), soit par celle du sinus droit ou de l'abscisse prenant son origine au centre. Il en fait de même de l'aire; ainsi, supposant le rayon du cercle égal à 1, l'aire du segment BCDE, qui répond à l'abscisse x ou CD, est égale à l'expression

$$x - \frac{x^3}{6} - \frac{x^5}{40} - \frac{x^7}{112} - \text{etc.},$$

et l'arc BE est égal à la suivante,

$$x + \frac{x^3}{6} + \frac{3x^5}{40} + \frac{5x^7}{112} + \text{etc.}$$

Au reste, les coefficiens $\frac{1}{6}$, $\frac{1}{40}$, $\frac{1}{112}$, etc. sont

équivalens à $\frac{1}{2.3}$, $\frac{1}{2.4.5}$, $\frac{1.3}{2.4.6.7}$, etc., ce

qui donne le moyen de continuer la progression. Mais si l'on veut la grandeur du segment ADE, nommant AD$=x$, et le rayon 1, sa valeur est

$$\frac{\sqrt{x}}{\sqrt{2}}\left[\frac{4}{3}x - \frac{x^2}{5} - \frac{x^3}{4.7.2} - \frac{3x^4}{4.6.9.4}\right.$$
$$\left. - \frac{3.5x^5}{4.6.8.11.8} - \frac{3.5.7.x^6}{4.6.8.10.13.16} - \text{etc.}\right],$$

qui, à partir du troisième terme, présente une loi facile à saisir, si l'on observe que le dernier facteur du diviseur va toujours en doublant. Les dénominations restant les mêmes, la valeur de l'arc AE est

$$\sqrt{2x}\left[1 + \frac{1}{6}x + \frac{3}{40}x^2 + \frac{5}{112}x^3 + \frac{35}{1152}x^4 + \text{etc.}\right]$$

On peut enfin, par la méthode du retour des suites, trouver la grandeur du sinus, soit verse, soit droit, étant donné l'arc ou l'aire. *Newton* en offre quelques exemples : l'arc AE étant z, le rayon 1, le sinus verse AD est égal à la suite

$$\frac{z^2}{2} - \frac{z^4}{2.3.4} + \frac{z^6}{2.3.4.5.6} - \frac{z^8}{2.3.4.5.6.7.8} + \text{etc.},$$

ou $$\frac{z^2}{2} - \frac{z^4}{24} + \frac{z^6}{720} - \frac{z^8}{40320} + \text{etc.},$$

et le sinus DE à celle-ci :

$$z - \frac{z^3}{6} + \frac{z^5}{120} - \frac{z^7}{5040} + \frac{z^9}{362880} - \text{etc.}$$

Il est aisé d'apercevoir que les diviseurs numériques sont ici les produits successifs 2.3, 2.3.4.5, 2.3.4.5.6.7, etc.

XI.

Les découvertes de *Newton* ayant été publiées et communiquées à divers géomètres, par l'entremise de *Collins*, celui qui se hâta le plus d'y ajouter, et qui le fit le plus heureusement, fut *Jacques Gregory* ; c'était un géomètre de grande espérance, un homme à seconder *Newton*, si la mort ne l'eût enlevé à la fleur de son âge. Il l'avait précédé dans l'invention du télescope catadioptrique, et il marcha de près sur ses traces dans quelques-unes de ses découvertes analytiques.

A peu près dans le même temps que *Newton*
se disposait à répondre aux instances de *Barrow*,
Gregory publiait dans ses *Exercitationes Geometricæ,* une suite infinie pour exprimer l'aire
du cercle : cet ouvrage parut peu après celui de
Mercator. La suite de *Gregory* est celle-ci :

$$\dfrac{4r^2}{2d-\dfrac{e}{3}-\dfrac{e^2}{90d}-\dfrac{e^3}{756d^2}-\dfrac{23e^4}{113400d^3}-\dfrac{260e^5}{7484400d^4}-\text{etc.}}$$

Le rayon est désigné dans cette expression par *r*;
d est la moitié du côté du quarré inscrit, et *e*
la différence du rayon avec ce côté [1]. Cette
suite converge assez rapidement ; elle n'a que le
désavantage d'être formée de termes un peu
compliqués, et dont on n'aperçoit pas la loi.

Gregory fut bientôt informé par *Collins*, de la
découverte de *Newton*, sur l'aire des courbes,
et eut communication de quelques-unes des
suites de ce dernier ; mais préoccupé de sa méthode et de la suite qu'il avait trouvée, il crut
d'abord que celles de *Newton* devaient avoir la
même origine, ce qui les lui rendit moins remarquables. Voyant même qu'elles ne se rap-
portaient point aux siennes, il conçut quelques
doutes sur leur légitimité ; mais ce ne fut

---

[1] *Commercium epistolicum,* p. 39-40.

qu'un sentiment passager, auquel succéda bientôt celui de la justice que méritaient les inventions de *Newton*. Non–seulement *Gregory*
s'assura de leur vérité, mais à l'aide d'une
profonde méditation, il parvint à découvrir
la méthode que *Newton* s'était formée. On lui
rend ce témoignage dans plusieurs endroits du
Commercium epist. [a]. Il renvoya bientôt après
à *Collins* la suite pour exprimer l'arc par la tan-
gente, savoir, $a = t - \dfrac{t^3}{3r^2} + \dfrac{t^5}{5r^4} - \dfrac{t^7}{7r^6} +$ etc.,
où t est la tangente, r le rayon, et a l'arc
cherché. Cette suite, l'une des plus élégantes
par sa simplicité et la régularité de la loi de
ses termes, est, tout compensé, celle qui,
maniée avec adresse, fournit les approximations les plus commodes. *Gregory* donna aussi
des suites pour exprimer, par l'arc, la tangente
et la sécante, et même pour en tirer immédiatement leurs logarithmes. La rectification
de l'ellipse et de l'hyperbole en suites infinies,
que *Collins* ne lui avait point communiquée,
était aussi de ce nombre. Je n'ai fait mention
de ces dernières découvertes, étrangères à mon
sujet, que pour justifier les éloges que j'ai

---

[a] Pag. 29, 48, 71.

donnés à ce grand géomètre : je reprends le fil
de mon histoire.

XII.

On doit reconnaître, et c'est une vérité dont
le *Commercium epistolicum* fournit des preuves, que toutes ces nouveautés brillantes d'a-
nalyse prirent naissance en Angleterre, et que
les géomètres du continent y eurent alors peu
de part : ce fut seulement quelques années
après (en 1674) que *Leibnitz* trouva sa suite
pour le cercle, savoir, $1 - \frac{1}{3} + \frac{1}{5} - \frac{1}{7} +$ etc.,
le diamètre étant l'unité. On ne peut discon-
venir que cette suite soit la même au fond
que celle de *Gregory*, qui trouvait (faisant le
rayon $= 1$ et la tangente aussi $= 1$) la même
expression pour le demi-quart de cercle, ou
l'arc de 45°; cependant plusieurs circonstances
doivent écarter l'imputation de plagiat intentée
à ce sujet contre *Leibnitz*.

1°. Cette découverte est chez lui une suite de
la méthode de transformation qu'il avait imaginée pour débarrasser l'expression de l'ordonnée du cercle de l'irrationnalité qui l'accom-
pagne, afin d'y appliquer le développement
de *Mercator*. Cette méthode, exposée au long

dans le cours d'*Ozanam*, avait été communiquée aux géomètres vers l'an 1674. *Leibnitz* s'est plaint plusieurs fois du silence de cet écrivain sur l'auteur de cette ingénieuse invention, dont on serait ainsi tenté de faire honneur à *Ozanam*, si l'on ne savait que ce mathématicien était d'une classe bien inférieure à celle des analystes dont il est question ici.

2°. La bonne foi de *Leibnitz* paraît évidemment dans les lettres qu'il écrivait sur cela à *Oldenburgh*, en 1674, et dans lesquelles il lui faisait part de sa découverte avec une sorte de transport [a]. Croira-t-on qu'il eût été si peu fin que de tenir un pareil langage s'il l'avait reçue de *Collins* ou d'*Oldenburgh*, comme on l'a prétendu faire soupçonner? Les réponses de *Collins* le lui auraient bien rappelé; mais ce secrétaire de la Société royale de Londres se contente, au contraire, d'informer *Leibnitz*, comme pour la première fois, des progrès que *Newton* et *Gregory* avaient faits dans l'analyse. Ces raisons me font penser qu'il y aurait de l'injustice à dépouiller *Leibnitz* de cette découverte, comme ont voulu faire quelques partisans trop zélés de la gloire de la nation anglaise.

[a] *Comm. epist.*, p. 37.

Newton, plus équitable, et sachant que ce qui s'était présenté à *Gregory* pouvait aussi avoir été trouvé par *Leibnitz* au-delà des mers, ne fait point de difficulté de l'appeler *la suite de Leibnitz* [a]. Celui-ci avait eu dessein de la publier dans un traité particulier qu'il se proposait d'intituler *Quadratura arithmetica;* il est souvent parlé de ce projet dans le *Commercium epistolicum.* Sans doute, lorsque *Leibnitz* fut en possession de plus grandes découvertes, celle-ci ne lui parut plus assez remarquable pour en faire la matière d'un ouvrage : il en donna le précis dans les *Actes de Leipsic,* année 1682 (p. 41), sous le titre de *De verá proportione circuli ad quadratum circumscriptum in numeris rationalibus.*

XIII.

Les raisons que je viens de présenter pour disculper *Leibnitz* de l'accusation de plagiat intentée contre lui, recevront un nouveau poids de la remarque suivante : c'est que la découverte dont il est ici question semble n'avoir pas été d'une difficulté si grande, qu'elle ne

_____

[a] *Comm. epist.*, p. 79, et ailleurs.

se soit présentée en même temps à divers géomètres. Elle n'a point échappé à *de Lagny*,
si nous l'en croyons lui-même : il nous assure,
dans les *Mémoires de l'Acad.* de 1719 (p. 144)
qu'il avait trouvé, dès l'année 1682, la même
suite, nullement informé encore de ce que *Gre-*
gory et *Leibnitz* avaient fait à ce sujet ; et l'on
n'en sera point surpris, car cette année-là est
la première où fut publiée la suite en question dans les *Actes de Leipsic. De Lagny*, alors
à Toulouse, ne pouvait que difficilement avoir
connaissance, soit des lettres de *Leibnitz* et de
Newton, toujours restées entre des mains privées, soit de ces journaux que l'Allemagne
voyait tout nouvellement paraître. Ajoutons
à cela que la méthode de *de Lagny*, de même
que celle de *Leibnitz*, dont elle diffère cependant, donne du poids à ce qu'il dit ; car elle
paraît avoir été imaginée dans les mêmes
vues, je veux dire pour éviter l'irrationnalité,
qui seule empêchait d'appliquer au cercle la
méthode de division de *Mercator*, la seule
encore connue pour quarrer les figures. Si *de*
Lagny a pu faire cette découverte, ne sera-t-il
pas vraisemblable que *Leibnitz*, qui a donné
des preuves d'un génie fort supérieur, l'ait
aussi faite dans les mêmes circonstances ?

XIV.

Depuis que le calcul intégral a fait des progrès parmi les géomètres, rien n'est plus connu que les différentes expressions qu'on vient de donner du cercle et de ses parties : il ne faut qu'être initié dans ce calcul pour les trouver. On ne s'attachera donc point à les développer ici par son moyen ; ceux qui l'ignorent peuvent consulter les ouvrages qui en ont traité : voici seulement quelques expressions du cercle, qu'on n'a pas pu faire connaître dans le cours de la narration précédente.

Si la corde d'un arc est x, le diamètre 1, le segment est égal à

$$\frac{x^3}{6} + \frac{x^5}{4.5} + \frac{3x^7}{4.4.7} + \frac{3.5x^9}{4.4.6.9} + \text{etc.}$$

Cela est aisé à démontrer, soit en le tirant immédiatement de l'expression du petit triangle ABC (*fig.* 20), qui est $\dfrac{x^2dx}{2\sqrt{1-x^2}}$, soit en le dérivant de la suite qui exprime le demi-segment ADE, la demi-corde AE étant $= \frac{1}{2}x$.

On a donné précédemment, d'après *Leibnitz* et *Gregori*, la suite $1 - \frac{1}{3} + \frac{1}{5} - \frac{1}{7} + $ etc., pour l'expression de l'arc de 45°, ou de l'aire du quart de cercle, le rayon étant 1. *Newton* a trouvé que la suite $1 + \frac{1}{3} - \frac{1}{5} - \frac{1}{7} + \frac{1}{9} + \frac{1}{11} -$ etc., exprimait aussi l'arc de 90°, la corde étant l'unité, et le rayon étant conséquemment $\sqrt{\frac{1}{2}}$.

Voici encore une autre manière d'exprimer l'aire du cercle. Que le diamètre soit 1, et la tangente $t = \frac{1}{2}$, l'aire de tout le cercle sera la somme de ces trois suites:

$$t - \frac{t^3}{3} + \frac{t^5}{5} - \frac{t^7}{7} + \frac{t^9}{9} - \text{etc.},$$

$$t^2 + \frac{t^5}{3} - \frac{t^8}{5} - \frac{t^{11}}{7} + \frac{t^{14}}{9} + \text{etc.},$$

$$t^4 - \frac{t^{10}}{3} + \frac{t^{16}}{5} - \text{etc. } ^{(1)}$$

Je passe à présent à montrer l'usage de ces expressions, qu'on n'a encore envisagées que d'une manière générale.

XV.

Il est d'abord évident que chacune de ces suites fournit un moyen commode pour trouver la grandeur approchée de tout segment, de tout secteur, de tout arc de cercle, lorsque la valeur de l'indéterminée qui lui convient

---

(1) *Commercium epistolicum*, p. 77 et 79.

sera assez petite pour faire converger la suite rapidement : je vais m'expliquer par un exemple. Que l'on demande l'aire du segment BCDE (*fig.* 19), où l'abcisse n'est qu'une petite partie, par exemple un tiers du rayon ; alors la suite qui convient à ce cas, savoir,

$$x - \frac{1}{2.3}\, x^3 - \frac{1}{2.4.5}\, x^5 - \text{etc.}$$

se réduira à

$$\frac{1}{3} - \frac{1}{2.3.27} - \frac{1}{2.4.5.243} - \text{etc.},$$

ou
$$\frac{1}{3} - \frac{1}{162} - \frac{1}{9720} - \text{etc.}$$

Or il est visible que les deux premiers termes seuls donnent la grandeur de ce segment à moins d'un 9000ᵉ près. Ainsi, le plus souvent, un très léger calcul approche extrêmement de la vérité ; et dans d'autres cas moins avantageux, l'emploi de 4, 5 ou 6 termes suffira. Je ne m'arrête pas davantage à ceci ; dans d'autres cas où la suite ne serait pas fort convergente, on pourra même éviter la peine de sommer un nombre médiocre de termes : il y a des méthodes que l'on indiquera, et par lesquelles on convertit une suite peu convergente en une autre qui l'est beaucoup.

XVI.

Lorsque l'on a voulu obtenir par ces suites, de grandes approximations de la valeur entière du cercle, on a cherché, pour diminuer le travail, les cas les plus avantageux pour les faire converger. Si voulant, par exemple, exprimer l'aire du quart de cercle, on s'était contenté de donner à l'abscisse x la valeur 1 qui lui convient alors, dans la suite......

$$x - \frac{1}{6}x^3 - \frac{1}{40}x^5 - \frac{1}{112}x^7 - \text{etc.},$$ on aurait eu

$$1 - \frac{1}{6} - \frac{1}{40} - \frac{1}{112} - \text{etc.},$$ qui est en effet la

vraie grandeur du quart de cercle. Mais comme cette suite converge peu, il faudrait sommer un grand nombre de termes, peut être trente ou quarante, pour en tirer une approximation seulement en dix décimales; au lieu qu'en faisant x égal à $\frac{1}{2}$, le travail est considérablement abrégé ; car alors l'arc BE étant le $\frac{1}{3}$ du quart de cercle, si de la valeur de BCDE on ôte le triangle CDE connu, le reste, savoir, le secteur BCE, triplé, sera le quart de cercle. Or la valeur de BCDE converge assez rapidement pour la trouver sans beaucoup de peine;

car la suite $x - \dfrac{x^3}{2.3} - \dfrac{x^5}{2.4.5} - \dfrac{1.3x^7}{2.4.6.7} - $ etc.,

lorsqu'on fait $x = \frac{1}{2}$, se convertit en $\frac{1}{2} - \frac{1}{2.3.8}$
$- \frac{1}{2.4.5.32} - \frac{1.3}{2.4.6.7.128} -$ etc., qui est composée de fractions assez sensiblement décrois-
santes.

On s'engagerait au reste dans d'étranges calculs, si l'on entreprenait de sommer ces fractions à la manière ordinaire : la méthode des
fractions décimales en diminuera considérablement la fatigue.

Cependant cette méthode elle-même ne
suffirait pas, si l'on n'usait encore de quelque
adresse pour s'épargner quantité d'opérations
superflues. En effet, en calculant chaque terme
de la manière qui se présente d'abord, il faudrait, après avoir trouvé le numérateur et le
dénominateur de chaque fraction, augmenter
le numérateur d'un certain nombre de zéros,
et puis diviser par le dénominateur, qui
bientôt serait composé d'une multitude de
chiffres. Or, on voit aisément combien ce
procédé serait laborieux et incommode; au
lieu qu'avec un peu d'attention, il se présente un moyen de l'abréger considérablement. Ce moyen consiste à mettre la suite
proposée sous une autre forme, dans laquelle

chaque terme se déduit du précédent, en l'affectant d'un coefficient dont la progression est facile à apercevoir. Ayant, par exemple, nommé le premier terme négatif A, le second est $= \frac{3A}{4.5.4}$, comme il est aisé de le vérifier en mettant au lieu de A sa valeur; nommant ensuite B ce second terme, le troisième devient $C = \frac{3.5B}{6.7.4}$, et le quatrième $D = \frac{5.7C}{8.9.4}$, de manière que la suite entière paraît sous cette forme :

$$\frac{1}{2} - \frac{1}{2.6.4} - \frac{3A}{4.5.4} - \frac{3.5B}{6.7.4} - \frac{5.7C}{8.9.4} - \frac{7.9D}{10.11.4}$$
— etc.,

où il suffit de la plus légère inspection pour la continuer à l'infini.

Supposons donc à présent qu'il s'agisse de déterminer avec 9 décimales, l'aire du quart de cercle, comparée au quarré du rayon ; nous emploierons pour cela la suite préparée comme l'on vient de voir, où l'abscisse x a été faite $= \frac{1}{2}$, afin de trouver le segment BCDE. J'ai calculé en particulier chaque terme jusqu'à 12 décimales, afin d'être assuré que la neuvième du résultat est exacte. Nous aurons donc d'abord $\frac{1}{2} = 0,50000\ 0000000$ et $\frac{1}{48}$

= 0,02083 33333 33; ensuite multipliant ce
nombre par 5, et le divisant par le produit de
4, 5, 4, ou 80, on a pour quotient.........
0,00078 12499 99; de même, multipliant celui-ci par 15 et divisant par 168, on trouve le
terme C = 0,00006 97544 64, et ainsi à l'égard
des autres; on range enfin tous ces termes,
affectés du même signe, dans une colonne,
comme on le voit ici :

$$
\begin{aligned}
A &= \ldots \ldots \ldots \quad 0,02083\ 33333\ 33 \\
B &= \ldots \ldots \quad 78\ 12499\ 99 \\
C &= \ldots \ldots \quad 6\ 97544\ 64 \\
D &= \ldots \ldots \quad 84771\ 05 \\
E &= \ldots \ldots \quad 12137\ 67 \\
F &= \ldots \ldots \quad 1925\ 68 \\
G &= \ldots \ldots \quad 327\ 82 \\
H &= \ldots \ldots \quad 58\ 75 \\
I &= \ldots \ldots \quad 10\ 93 \\
K &= \ldots \ldots \quad 2\ 10 \\
L &= \ldots \ldots \quad 41 \\
M &= \ldots \ldots \quad 8 \\
N &= \ldots \ldots \quad 1 \\
O &= \ldots \ldots \quad 0 \\
\hline
  & \quad 0,02169\ 42612\ 46
\end{aligned}
$$

Ôtons la somme de ces termes, 002169 etc.

de $\frac{1}{2}$, ou 0,5000 etc., le reste sera.........
0, 47850 57387 54; mais il faut retrancher de
là le triangle CDE, dont l'aire est égale à
$\frac{1}{4}\sqrt{\frac{3}{4}}$ ou $\frac{1}{8}\sqrt{3} = 0, 21650 63509 46$. La sous-
traction faite, on trouve 0, 26179 93878 08,
pour la valeur du secteur BCDE, qui, multipliée par 3, donne pour le quart de cercle
0,78539 81634 24, le quarré du rayon étant
1,00000 00000 00. Or, cette expression, qui
excède un peu la vérité, parce que dans tous
les termes négatifs le dernier chiffre est moindre que le véritable, quoique de moins d'une
unité; cette expression, dis-je, coïncide avec
celle de *Ludolph* jusqu'au dixième chiffre inclusivement : car la raison du quart de cercle
au quarré du rayon est la même que celle de
l'arc de 45° au rayon; par conséquent l'arc de
45° est exprimé par le nombre ci-dessus; donc
en le quadruplant on aura la demi-circonférence comparée au rayon, ou la raison de
la circonférence entière au diamètre. Or ce
nombre multiplié par 4 est 3,14159 26536 96,
ce qui convient avec le nombre de *Ludolph*
jusqu'au onzième chiffre, qui est un peu trop
grand dans cette expression, par la raison que
nous en avons donnée plus haut.

Mais si l'on voulait avoir une expression certainement au-dessous de la vérité, pour la comparer à la première, et être plus assuré des vraies limites de la circonférence, on l'aurait aisément en supposant les onze derniers termes de la suite ci-dessus augmentés d'une unité; à l'égard des deux premiers, le peu dont ils s'écartent de l'exactitude, par défaut, ne saurait contre-balancer l'excès qu'on donne à tous les autres. On aura par ce moyen la somme 0,0216942612 57, surpassant celle de tous les termes négatifs; lorsqu'elle sera ôtée de $\frac{1}{2}$ ou 0,50000 etc., elle laissera nécessairement un reste plus petit que le véritable; et achevant cette opération comme la première, on trouvera la fraction 0,78539 81633 91, qui, multipliée par 4, donne pour valeur approchée de la circonférence 3,14159 26533 64, qui ne pèche par défaut que dans le douzième chiffre.

XVII.

On procéderait de même avec la plupart des autres suites proposées plus haut; mais en considérant les moyens d'approximation qu'elles présentent, il est aisé d'apercevoir qu'elles n'ont pas toutes le même avantage, et que la

plupart sont peu propres à donner ces im-
menses approximations de l'aire du cercle
qu'on connaît aujourd'hui ; aussi ne s'en est-on
point servi indifféremment : on a donné la préférence à celle où t étant la tangente, l'arc est
exprimé par $t - \dfrac{t^3}{3} + \dfrac{t^5}{5} - \dfrac{t^7}{7} +$ etc. Il ne s'agit
pour cela que d'assigner à t une valeur moindre
que l'unité, en la choisissant telle, qu'elle ap-
partienne en même temps à un arc commensurable avec la circonférence entière ; car il est
visible que si l'on supposait $t = 1$, dans lequel
cas l'arc correspondant serait de $45°$, la suite
se réduirait à $1 - \frac{1}{3} + \frac{1}{5} -$ etc. ; mais il faudrait
une somme immense de ses termes pour en ti-
rer une approximation avec dix chiffres : ainsi,
quoique remarquable dans la théorie par son
élégance, elle ne serait ici d'aucun usage. Pour
l'y rendre propre, il faut faire $t = \sqrt{\frac{1}{3}}$; l'arc
correspondant sera alors de $50°$, ou la dou-
zième partie de la circonférence, et la suite se
transformera en celle-ci :

$$\sqrt{\tfrac{1}{3}}\left[1 - \frac{1}{3.3} + \frac{1}{9.5} - \frac{1}{27.7} + \frac{1}{81.9} - \text{etc.} \right],$$

où chaque terme est moindre que le tiers du
précédent ; on pourrait même la rendre plus

convergente en ajoutant les termes deux à
deux, le second avec le troisième, le quatrième avec le cinquième, etc. et divisant
ensuite par 4, ce qui donnerait la quarante-
huitième partie de la circonférence exprimée
de cette manière :

$$\frac{1}{4}\sqrt{\frac{1}{3}}\left[1 - \frac{3}{3.5.9} - \frac{5}{7.9.81} - \frac{7}{11.13.729} - \text{etc.} \right].$$

C'est ainsi que quelques géomètres l'ont employée pour en tirer des approximations ; mais
en comparant ses avantages et ses désavantages,
on remarquera bientôt que la préparation précédente ne fait que la rendre moins commode : en effet, dans ces sortes de calculs, on
doit bien moins chercher à sommer un petit
nombre de termes qu'à le faire très facilement,
dût-on en employer beaucoup plus. Aussi cette
raison a-t-elle fait donner la préférence à la
première suite, quoiqu'il y faille prendre le
double de termes que dans la dernière pour
arriver au même degré d'exactitude, car cela
est abondamment compensé par la facilité des
opérations. On voit en effet qu'ayant une fois
la valeur de $\sqrt{\frac{1}{3}}$, avec autant de décimales ou
quelque peu plus qu'on n'en veut employer
dans l'approximation que l'on cherche, il n'y a

qu'à diviser cette valeur par 3, et le quotient qui en résulte par 3, et puis le nouveau quotient encore par 3, et ainsi de suite; après quoi reprenant chacun de ces quotiens, à commencer au premier qu'a donné la division de $\sqrt{\frac{1}{3}}$, par 3, le diviser encore par 3, ensuite le second quotient trouvé ci-devant, par 5, le suivant par 7, etc., ainsi jusqu'à ce que dans le nombre de chiffres auquel on s'est fixé, il n'y ait plus que des zéros. Alors prenant la somme de tous les termes positifs et celle de tous les termes négatifs, pour ôter celle-ci de la première, le reste est la douzième partie de la circonférence. Nous ne croyons pas qu'il soit nécessaire de donner un exemple de ce procédé, qui doit paraître assez clair après ce qu'on vient de dire.

XVIII.

Ces moyens d'approximation, incomparablement plus abrégés que l'emploi des polygones inscrits et circonscrits, ont mis les modernes en état de laisser bien loin derrière eux, à cet égard, les anciens. Le nombre obtenu par *Ludolph,* et si renommé avant la naissance de la nouvelle analyse, n'est plus qu'une petite partie de celui dont nous sommes aujourd'hui en possession. Voici par quels degrés on s'est élevé à l'immense nombre trouvé par *de Lagny*. Le géomètre anglais, *A. Sharp,* en employant la méthode précédente, la poussa jusqu'à 73 chiffres ; il a communiqué son travail dans ses *Tables mathématiques*[1]. *Machin ,* de la Société royale de Londres, a prolongé l'approximation jusqu'à 100 chiffres ; j'ignore, à la vérité, dans quel ouvrage, mais c'est *Euler* qui nous l'apprend [a]. *De Lagny* enfin, enchérissant sur eux, l'a continuée jusqu'à 128 ; il a fait plus, il l'a vérifiée en calculant la même suite par deux voies différentes[b], et elles lui ont donné le même résultat. Nous savons par là que

---

[1] Je ne connais point, sous ce titre, d'ouvrage publié par *Sharp;* mais ses calculs se trouvent dans les *Mathematical Tables* de *Sherwin,* les premières où l'on ait disposé les logarithmes comme ils le sont maintenant dans toutes les tables un peu étendues (celles de *Callet,* par exemple.) *Voy.* p. 56 et suiv. de l'introduction de ces tables, 4ᵉ édit. A la page 64, on trouve le rapport calculé à 100 décimales, par *Machin,* et dont il est question plus bas. Ce géomètre fit connaître sa méthode dans le *Synopsis palmariorum Matheseos,* publié par *William Jones.*

[a] *Mémoires de Pétersbourg,* t. IX, p. 223.

[b] *Mém. de l'Acad.,* 1719, p. 144.

si le diamètre est l'unité suivie de 127 zéros, la circonférence est plus grande que le nombre suivant : 3 14159 26535 89793 23846 26433 83279 50288 41971 69399 37510 58209 74944 59230 78164 06286 20899 86280 54825 34211 70679 82148 08651 32823 06647 09384 46,... et qu'elle est moindre que ce même nombre augmenté de l'unité [1].

XIX.

Mais quelque commode que soit la méthode expliquée dans l'article XVII, du moins si nous la comparons au procédé laborieux des

---

[1] Le 114ᵉ chiffre du rapport ci-dessus, tel que l'a donné *de Lagny,* était un 7 ; mais *Vega* a montré qu'il devait être remplacé par un 8 (*Voy.* à la page 633 de l'édition qu'il a donnée des tables de *Vlac*). Le même a poussé l'approximation jusqu'à la 140ᵉ décimale, ou à 141 chiffres. On trouve dans le 4ᵉ volume de la 2ᵉ édition de l'*Histoire des Mathématiques* de Montucla (p. 640), la correction dont je viens de parler, et il dit en outre que M. *de Zach* a vu, dans un manuscrit de la bibliothèque de *Ratcliff,* à Oxford, le calcul poussé jusqu'à 155 chiffres (ou 154 décimales), et qu'après le dernier chiffre 6 du nombre indiqué ci-dessus, il faut ajouter

095 50582 23172 53594 08128 4802.

anciens, on ne peut cependant se dissimuler
qu'elle n'avait pas encore atteint sa perfection
lors même qu'on en faisait un si grand usage;
car la suite employée par *Sharp, Machin* et
de Lagny, a un défaut qui en diminue beaucoup le mérite. Ce défaut consiste dans cette
immense extraction de racine qui doit servir
de préliminaire au calcul, à cause de l'expression irrationnelle $\sqrt{\frac{1}{3}}$ qui multiplie toute la
suite. D'un autre côté, si l'on emploie celle de
45°, elle ne converge pas sensiblement. Néanmoins, il fallait nécessairement opter entre
l'une ou l'autre : car ce sont les plus simples de
celles qu'on pouvait employer, toutes les tangentes rationnelles qui ne surpassent pas le
rayon, n'appartenant point à des arcs commen-
surables avec la circonférence, et toutes celles
qui appartiennent à de petites portions com-
mensurables de cette circonférence étant extrêmement compliquées d'irrationalités. *Euler*
a cherché à donner à cette méthode le degré de
perfection qui lui manquait, et il y a réussi
des deux manières que je vais exposer.

XX.

La première a pour objet de délivrer la suite

de l'arc par la tangente, de l'irrationnalité qui
en rend le calcul si incommode ; elle est fondée
sur une propriété des tangentes au cercle qui
donne cette analogie : *comme la différence du
rectangle des deux tangentes avec le quarré du
rayon, est à ce quarré, ainsi la somme des tangentes est à la tangente de la somme des arcs.*
Il en conclut que l'arc de 45°, le seul commensurable avec la circonférence, et ayant en même
temps une tangente rationnelle, se peut diviser
en deux arcs dont les tangentes sont aussi
rationnelles ; et comme elles seront chacune
moindre que l'unité, elles donneront pour leur
arc correspondant, deux suites toutes rationnelles et fort convergentes. Il est bien vrai que
l'arc que chacune exprimera, considéré à part,
sera incommensurable avec la circonférence ;
mais cela n'importe en rien, puisque leur
somme sera commensurable avec elle. Nommant ainsi la tangente de 45° $= 1$, et les deux
tangentes cherchées $\frac{1}{a}$, $\frac{1}{b}$, on a, suivant le théorème précédent, $1 = \frac{a+b}{ab-1}$, et de là $b = \frac{a+1}{a-1}$,
ce qui donne 2 et 3 pour les moindres et les
plus simples valeurs de a et b : un de ces deux
arcs sera donc

$$\frac{1}{2} - \frac{1}{3.2^3} + \frac{1}{5.2^5} - \frac{1}{7.2^7} + \frac{1}{9.2^9} - \text{etc.},$$

et le second sera

$$\frac{1}{3} - \frac{1}{3.3^3} + \frac{1}{5.3^5} - \frac{1}{7.3^7} + \frac{1}{9.3^9} - \text{etc.},$$

et conséquemment l'arc entier de 45° sera égal à la somme de ces deux suites.

On pourrait, par le même artifice, substituer à chacune, ou à celle qu'on voudrait, de ces deux suites, deux autres qui seraient encore plus convergentes. Ainsi l'arc dont la tangente est $\frac{1}{2}$ se partage de nouveau en deux autres, dont les tangentes sont $\frac{1}{3}$ et $\frac{1}{7}$; mais cela est inutile, et deviendrait même plus nuisible qu'avantageux : car, dans le calcul de la seconde suite, on aurait à diviser continuellement par 49, ce qui est moins facile que deux divisions par un nombre simple. Les deux premières suites remplissent presque tout l'objet qu'on peut se proposer : car je remarque, ce qui est essentiel, que le calcul de chacun de leurs termes est peu laborieux, à quelque nombre de décimales qu'on veuille les pousser ; la raison en est qu'on rencontrera le plus souvent des nombres dont les chiffres seront ou continuellement les mêmes, comme $\frac{1}{3} = 0,33333$ etc.,

$\frac{1}{4} = 0,250000$ etc., ou qui reviendront après certaines périodes; ainsi le seul travail consistera presque à ajouter les termes correspondans des deux suites $\frac{1}{3} - \frac{1}{3^3} + \frac{1}{3^5} - \frac{1}{3^7} +$ etc.,

$\frac{1}{2} - \frac{1}{2^3} + \frac{1}{2^5} -$ etc., et à les diviser ensuite successivement par 3, 5, 7, 9, 11, etc. Il faudra de ces termes environ autant qu'on aura dessein d'employer de chiffres dans l'approximation. Si quelqu'un la voulait pousser à 150 décimales, il y parviendrait avec beaucoup moins de peine qu'il n'en a coûté à *de Lagny* pour le faire jusqu'à 127 [1].

XXI.

Le second désavantage, non-seulement de la suite $1 - \frac{1}{3} + \frac{1}{5} -$ etc. et des autres qui appartiennent au cercle, mais encore de la plupart de celles qu'on emploie dans l'analyse moderne, est d'être assez souvent trop peu convergentes. Elles ne sont plus dès lors d'un usage commode, et cet inconvénient les ren-

---

[1] Le procédé imaginé par *Machin*, antérieurement à celui d'*Euler*, a été repris avec succès par *Vega* et d'autres. On le trouve dans l'ADDITION à la page 161.

drait inutiles dans un grand nombre de cas, si l'on n'était parvenu à y remédier. Quelques géomètres se sont appliqués à donner à la méthode des suites cette perfection essentielle. Je n'ai point encore pu voir le traité *De Summatione et interpolatione serierum* de *Stirling*[1]; il doit contenir d'excellentes choses à cet égard. Ce que j'en vais dire est tiré des savans *Mémoires d'Euler*[a], et du livre que *Thomas Simpson* a publié sous le titre de *The doctrine and application of fluxions, etc.*[b].

Soit 1°. la suite $t - \dfrac{t^3}{3} + \dfrac{t^5}{5}$ —etc., ou en faisant $t = \dfrac{1}{p}$, celle-ci : $\dfrac{1}{p} - \dfrac{1}{p^3} + \dfrac{1}{p^5} - \dfrac{1}{p^7}$ +etc., que l'on a vu désigner l'arc de cercle, dont la tangente est t ou $\dfrac{1}{p}$. Il faut d'abord avoir ajouté un certain nombre de termes du commence-

---

[1] Il faut que ce livre ait toujours été fort rare, car il a paru en 1730. C'est en effet un ouvrage des plus remarquables pour cette époque; on y trouve (pag. 32, 42, 46, 56, 60, 64, 68) la sommation approchée de séries qui se rapportent à la quadrature du cercle.

[a] *Comm. Acad. Petrop.*, t. IX, p. 227; et t. VIII, p. 153.

[b] Part. II, sect. 7, p. 403.

ment de cette suite ; plus on en aura pris, plus exacte sera l'approximation qu'on tirera de l'expression suivante. Nommons, pour abréger, S la somme de ces premiers termes, n leur nombre, et posons $2n - 1 = r$, $1 + p^2 = m$; on aura alors, suivant les principes d'*Euler*, la somme entière de la suite égale à........

$$S + \frac{1}{p^r}\left(\frac{1}{mr} - \frac{2p^2}{m^2 r^2} + \frac{2^2(p^4 - p^2)}{m^3 r^3} - \frac{2^3(p^6 - 4p^4 + p^2)}{m^4 r^4}\right.$$
$$\left. + \frac{2^4(p^8 - 11p^6 + 11p^4 - p^2)}{m^5 r^5} - \text{etc.}\right).$$

Ainsi l'on réduit la sommation d'une suite qui ne converge presque pas sensiblement, à celle d'une autre qui converge fort vite, et l'on transforme une suite qui est déjà convergente, en une autre qui l'est beaucoup plus : on abrège donc par là considérablement le calcul dans tous les cas. Pour en donner un exemple, je vais choisir le plus désavantageux, celui où la tangente étant l'unité, la suite est $1 - \frac{1}{3} + \frac{1}{5} - \frac{1}{7} + \text{etc.}$ Suivant la méthode d'*Euler*, les six premiers termes suffiront pour prévenir une erreur d'un 100000e; or, ces six premiers termes ajoutés ensemble font $0,744012$, et en employant la formule, ou a $p = 1$, et $1 + p^2 = 2$, $2n - 1 = 11$; de ma-

nière que le complément qu'il faut ajouter à
cette somme, est $\dfrac{1}{2.11} - \dfrac{2}{4.11^2} + 0 + \dfrac{1}{11^4}$
$+ 0 - \dfrac{8}{11^6}$, c'est-à-dire ce que deviennent les
six premiers termes de la seconde suite, multi-
pliés par $\dfrac{1}{p'}$ ou 1. Ces termes, réduits en fractions décimales et réunis, font 0,041386, qui,
ajoutés à 0,744012, donnent 0,785398 pour
la grandeur de l'arc de 45°, ou pour celle
du quart de cercle, comparé au quarré du
rayon. On en tire 3,141592, pour le rapport de la circonférence au diamètre, ce qui
s'accorde avec les sept premiers chiffres du
nombre de *Ludolph.* Il aurait fallu environ
1000000 termes de la suite $1 - \frac{1}{3} + \frac{1}{5} -$ etc.,
pour trouver une approximation aussi exacte :
on doit juger par là de la précision de celles que
donnera la même méthode appliquée à des
suites déjà médiocrement convergentes.

La série suivante, qui a le même objet que
celle qu'on vient de voir, est due à *Simpson;*
elle a quelque avantage sur l'autre, en ce
qu'elle est plus aisée à continuer, la loi de la
progression des coefficiens étant plus appa-
rente. Je conserve ici les mêmes dénominations que dans la première formule que j'ai

déjà donnée, à cela près que $r = 2n + 1$, et $m = 1 + t^2$; alors on a, suivant *Simpson*, pour la valeur très convergente de la suite $t - \frac{t^3}{3} +$ etc., cette formule :

$$S \pm \frac{tr}{rm}\left(1 + \frac{2t^2}{(r+2)m} + \frac{2.4\,t^4}{(r+2)(r+4)m^2}\right.$$
$$+ \frac{2.4.6\,t^6}{(r+2)(r+4)(r+6)m^3}$$
$$+ \frac{2.4.6\,8t^8}{(r+2)(r+4)(r+6)(r+8)m^4}$$
$$\left.+ \text{etc.}\right).$$

Le signe $\pm$ signifie qu'il faut ajouter, si le premier terme qui suit ceux qu'on a renfermés dans la somme S est positif, et soustraire, s'il est négatif. Cette méthode égale la précédente en exactitude. En l'appliquant à $1 - \frac{1}{3} + \frac{1}{5} -$ etc., six termes seulement de cette suite, joints aux six premiers de la seconde, donnent, comme ci-devant, l'expression 0,785398 pour la valeur du quart de cercle, le quarré du rayon étant 1.

La plupart des autres suites qu'on peut employer pour trouver l'aire du cercle sont susceptibles d'abréviations semblablables; mais il serait trop long d'en exposer ici la théorie générale, qui dépend de celle de la sommation des suites. Le simple historique auquel on s'est borné ne permet pas d'entrer dans ces détails, et l'on se contentera d'avoir indiqué les livres où l'on peut les trouver.

XXII.

Les suites infinies fournissent enfin des moyens commodes pour obtenir des constructions géométriques ou des expressions analytiques, qui représentent, à très peu de chose près, des espaces ou des arcs circulaires; car on peut combiner de telle manière deux grandeurs, que la suite dans laquelle elles se résoudront coïncide dans ses premiers termes avec celle qui représente la valeur de l'arc, ou de l'espace circulaire qu'on veut réduire en ligne droite ou en figure rectiligne. En prenant donc cette première suite, ou la grandeur finie qu'elle exprime, pour la dernière, on approche beaucoup de la valeur de celle-ci, puisque ce moyen en donne non-seulement les premiers termes, mais encore une partie de tous les autres. Les exemples suivans, dont quelques-uns sont tirés des *Lettres de Newton*, et de son *Traité des fluxions* [a], vont

---

[a] Voyez *Comm. epist.*, p. 56 et suiv., et *Newtoni Opuscula*, t I, p. 420.

éclaircir cela. Ce qu'on y exécute sur le cercle, peut commodément se pratiquer dans une infinité d'autres cas et sur d'autres courbes dont on a quelquefois besoin de calculer l'aire approchée, avec plus de promptitude que de précision.

Qu'on veuille donc trouver l'arc, la corde étant donnée; on sait que celui-là étant z, la corde est $z - \dfrac{z^3}{4.6.r^2} + \dfrac{z^5}{4.4.120\,r^4} -$ etc.; nous la nommerons A; soit B la corde de la moitié de cet arc; elle est $\dfrac{z}{2} - \dfrac{z^3}{4.8.6.r^2} + \dfrac{z^5}{4.4.32.120 r^4} -$ etc. Si l'on combine ces deux grandeurs en ôtant la première de huit fois la seconde, le reste sera très prochainement égal à trois fois l'arc; car de.....

$$8B = 4z - \frac{z^3}{4.6r^2} + \frac{z^5}{4.4.4.120r^4} - \text{etc.}, \ldots\ldots$$

ôtant A, le reste est $3z - \dfrac{z^5}{256 or^4} -$ etc. Or, comme son second terme et les suivans, pour peu que z soit moindre que l'unité, sont très petits, il s'ensuit qu'on peut les négliger entièrement, et que $8B - A = 3z$. Il est donc vrai, ainsi qu'*Huygens* l'a démontré, que huit fois la corde de la moitié d'un arc moins la corde de l'arc entier, égalent trois fois l'arc, ou que huit fois la corde d'un arc moins celle de l'arc double, diffèrent très peu du sextuple de cet arc. On peut encore dire que quatre fois la corde moins le sinus d'un arc sont égales, à une très petite différence près, à cet arc triplé.

On trouve de même que si l'on prolonge le diamètre BA (*fig.* 21) de la quantité....... AE$=$CB$-\frac{1}{5}$BF, l'arc BG excède très peu le segment de la tangente BH, coupé par la ligne EGH. Cette proposition démontre la vérité de celle de *Snellius*, qui, faisant A$e=$au rayon, disait que Bh était moindre que l'arc BG (*voyez* ci-dessus, p. 64). Cette dernière est vraie à plus forte raison, car la ligne Ae étant toujours plus grande que AE, la ligne Bh est nécessairement moindre que BH. Mais de cela même il est aisé de conclure que BH approche bien plus près de la légitime valeur de BG que Bh, qui cependant, comme nous l'avons fait voir, en est très peu éloignée [1].

Quand on a la grandeur d'un arc, il est fort facile de trouver l'aire du secteur ou du segment : ainsi les méthodes précédentes pourraient suffire à cet objet. Cependant comme on

---

[1] *Montucla* n'a point fait ce qu'il dit ici ; mais voyez l'ADDITION à la page 168.

peut le faire immédiatement, en voici quelques moyens que nous fournit *Newton* dans les endroits cités[1]. Le segment BGF étant proposé, on pourra prendre pour sa valeur l'expression $\frac{2}{3}$ BF $\left(\frac{2}{3}$ BG $+$ GF$\right)$. Mais si l'on veut une plus grande exactitude, qu'on divise BF en deux également au point I, alors le rectangle $\frac{2}{15}$ BF $(4$GI $+$ BG$)$ approchera tellement de la valeur exacte du segment BFG, que lors même que ce segment deviendra le quart de cercle, le rectangle s'éloignera à peine de la vérité d'une 1500e partie de l'aire totale.

Leibnitz, dans une de ses lettres à *Newton,* a donné, pour trouver l'arc, par le cosinus, l'expression $\sqrt{6 - \sqrt{24c + 12}}$, dans laquelle c désigne le cosinus, le rayon étant 1. Ici l'erreur, selon la remarque de *Newton,* sera $\frac{v^3}{90} + \frac{v^5}{194} +$ etc., la lettre v désignant le sinus verse, ou $1 - c$: cette erreur sera donc fort petite quand v sera moindre que le tiers du rayon. Cette condition est nécessaire pour employer avec quelque sûreté la formule précédente; mais il vaudra encore mieux se servir

---

[1] *Commercium epistolicum,* p. 57, 62, 80.

de la suivante, due à *Newton* : *v* étant toujours le sinus verse, qu'on fasse comme....
120 —27*v* est à 120 —17*v*, ainsi la corde $\sqrt{2v}$
est à une quatrième proportionnelle ; elle approchera si près de l'arc correspondant, que l'er-
reur sera seulement d'environ $\dfrac{61 v^3 \sqrt{2v}}{44800}$, ce qui
égalera à peine cinq secondes lorsque l'arc ne
surpassera pas 45°, et serait même moindre
qu'une seconde s'il n'était que de 30°.

Après avoir exposé les découvertes de ces
grands hommes, qui semblent ne rien laisser
à désirer sur ce sujet, me sera-t-il permis de
faire part d'une méthode qui m'a paru commode pour déterminer par approximation la
valeur de ces différens espaces, ou arcs circulaires? Elle est fondée sur un certain moyen
de trouver la somme approchée des suites qui
les expriment; moyen que j'ai autrefois appliqué, avec quelques changemens, à former
des règles commodes et exactes pour toiser les
surfaces des voûtes en *cul-de-four*, *surhaussées*
ou *surbaissées*, c'est-à-dire, pour m'énoncer
en termes plus intelligibles aux géomètres, des
sphéroïdes allongés ou aplatis ; car on sait, pour
peu qu'on ait passé les bornes de la Géométrie
ordinaire, que les surfaces de ces corps sui-

vent le même rapport que des espaces elliptiques ou hyperboliques. Soit donc un segment circulaire BFG (*fig.* 21) dont l'abscisse
est x, le diamètre l'unité; on a vu qu'il se réduit à la suite, $\sqrt{x}\left(\frac{2}{3}x - \frac{1}{5}x^2 - \frac{1}{28}x^3 - \frac{1}{72}x^4\right.$
$\left. - \frac{5}{704}x^5 -\text{etc.}\right)$[1]. Pour en trouver la somme
approchée, je cherche une expression qui se
résolve en une suite à peu de chose près égale à
celle-là; c'est ce qu'on obtient de $\frac{2}{3}x\sqrt{x-nx^2}$,
dont le développement est $\sqrt{x}\left(\frac{2}{3}x - \frac{1}{3}nx^2\right.$
$\left. - \frac{1}{12}n^2x^3 - \frac{1}{24}n^3x^4 - \frac{1}{3.64}n^4x^5 -\text{etc.}\right)$. Je remarque enfin que si je donne à n une valeur
telle que les seconds termes de chaque suite
soient égaux, ce qui suffira si x n'est qu'une
petite partie du diamètre, alors on aura les
deux premiers termes avec une partie de chacun des suivans, et par conséquent, à peu de
chose près, la somme de la suite. Afin donc
de déterminer n, j'égale les seconds termes
$\frac{1}{5}x^2$ et $\frac{1}{3}nx^2$, d'où je tire $n=\frac{3}{5}$; ainsi l'expression
$\frac{2}{3}x\sqrt{x-\frac{3}{5}x^2}$, sera la valeur approchée du
segment circulaire, quand son abscisse ne pas-

---

[1] Sur la page 136, l'auteur a en effet rapporté une
expression du segment circulaire; mais pour l'approprier au cas ci-dessus, il faut en prendre le quart et y
changer x en $2x$.

sera pas le quart ou les $\frac{2}{5}$ du diamètre. En
effet, dans la suite donnée ci-dessus, mettant
à la place de n et de ses puissances, leurs
valeurs, elle se réduit à $\sqrt{x}\left(\frac{2}{3}x - \frac{1}{5}x^2 - \frac{3}{100}x^3\right.$
$\left.- \frac{9}{1000}x^4 - \text{etc.}\right)$, dont la différence avec la première, n'est que $\sqrt{x}\left(\frac{1}{175}x^3 + \frac{11}{2250}x^4 + \text{etc.}\right)$.
Lors donc que x sera seulement $\frac{1}{4}$, cette dif-
férence ne montera qu'à $\frac{1}{22400} + \frac{1}{104727} + \text{etc.}$, ce
qui sera une très petite valeur.

Mais quand il s'agira d'évaluer un segment
dont l'abscisse sera plus grande qu'un quart du
diamètre, alors il faudra faire en sorte que les
troisièmes termes des deux suites soient égaux
entre eux, ce qui rendra la dernière beaucoup
plus approchante de la première, pourvu qu'on
ait l'attention de ne pas négliger la différence
qui se trouvera alors entre les deux seconds
termes. Égalons donc $\frac{1}{12}n^2x^3$ à $\frac{1}{28}x^3$; nous tire-
rons de là $n = \sqrt{\frac{3}{7}}$; et cette valeur, substituée dans la seconde suite, la transformera
en celle-ci : $\sqrt{x}\left(\frac{2}{3}x - \frac{1}{3}\sqrt{\frac{3}{7}}x^2 - \frac{3}{7 \cdot 12}x^3\right.$
$\left.- \frac{3}{7 \cdot 24}\sqrt{\frac{3}{7}}x^4 - \frac{5 \cdot 9}{4 \cdot 6 \cdot 8 \cdot 49}x^5 - \text{etc.}\right)$, dont la différence avec celle qui exprime l'aire du seg-
ment, est $\sqrt{x}\left[\left(\sqrt{\frac{1}{21}} - \frac{1}{5}\right)x^2 + 0 - \frac{1}{455}x^4\right.$
$\left.- \frac{1}{431}x^5 - \text{etc.}\right]$ De là il suit qu'en ajoutant

à l'expression $\frac{2}{3}x\sqrt{x - x^2\sqrt{\frac{3}{7}}}$, la valeur de

$x^2\sqrt{x}\left(\sqrt{\frac{1}{21}} - \frac{1}{5}\right)$, on aura, à peu de chose

près, la somme de la suite qui exprime la gran-

deur du segment BFG. Et en effet, lorsque x de-

viendra égale au rayon ou à $\frac{1}{2}$, puisque le dia-

mètre est 1, la différence sera seulement....

$\frac{1}{10243} + \frac{1}{19503} + $ etc.; mais tous ces termes et

les suivans ne peuvent faire, comme l'on

voit, qu'une très petite quantité. Cette diffé-

rence serait encore beaucoup moindre si la

grandeur de x n'était que de $\frac{1}{3}$ ou $\frac{1}{4}$: on

pourra donc, pour celle d'un segment circu-

laire quelconque dont l'abscisse est x, et le

diamètre l'unité, prendre

$$\frac{2}{3}x\sqrt{x - x^2\sqrt{\frac{3}{7}}} + x^2\sqrt{x}\left(\sqrt{\frac{1}{21}} - \frac{1}{5}\right)x^2,$$

ou $\frac{2}{3}x\sqrt{x - 0,654x^2} + 0,0118x^2\sqrt{x}$.

On peut traiter de même la suite......

$$x - \frac{x^3}{6} - \frac{x^5}{40} - \frac{x^7}{112} - \frac{5x^9}{1152} - \text{etc.,}$$ qui exprime

l'aire du segment circulaire BCED (*fig.* 19),

l'abscisse étant prise à compter du centre (p. 155);

car réduisant en suite l'expression indétermi-

née $x\sqrt{1 - nx^2}$, puis comparant le troisième

terme $\frac{n^2x^5}{8}$ au troisième de la première suite, $\frac{x^5}{40}$, on trouve $n^2 = \frac{1}{5}$, et alors $x\sqrt{1-x^2\sqrt{\frac{1}{5}}} =$

$x - \frac{1}{2}\sqrt{\frac{1}{5}}x^3 - \frac{1}{40}x^5 - \frac{1}{80}\sqrt{\frac{1}{5}}x^7 - \frac{1}{640}x^9 -$ etc.

Or, cette suite et la précédente ne diffèrent dans leurs seconds termes, que de $\left(\sqrt{\frac{1}{20}} - \frac{1}{6}\right)x^3$ (qu'il faut ajouter à $x\sqrt{1-x^2\sqrt{\frac{1}{5}}}$, ou... $x\sqrt{1-0,\overline{447}x^2}$), et, après le troisième terme, que de la quantité $-\frac{1}{300}x^7 - \frac{1}{360}x^9 -$ etc. Conséquemment, lorsque x n'est que la moitié ou les deux tiers du rayon, cette dernière quantité s'évanouit presque, à cause de l'élévation des puissances x^7, x^9 et suivantes; car, dans le premier cas, elle se réduit à......
$\frac{1}{38400} + \frac{1}{184320} +$ etc. du quarré du rayon.

Il est facile d'apercevoir qu'on pourrait sans peine approcher davantage en suivant le même procédé, c'est-à-dire en déterminant n par le moyen d'un terme plus éloigné de la suite, et puis ajoutant ou retranchant la différence des seconds et troisièmes termes de la nouvelle suite avec ceux de la première. En effet, à mesure que la coïncidence s'établira entre deux termes plus éloignés, ces suites se rapprocheront davantage l'une de l'autre dans les termes qui viendront après; et comme les différences des coefficiens de ces termes ne peuvent manquer d'être des fractions, parce qu'eux-mêmes sont nécessairement des fractions, et que de plus, elles affecteront des termes où x est déjà élevé à une haute puissance, cela rendra nécessairement la valeur de toutes ces différences peu considérable, et même insensible dans bien des cas.

Ces diverses expressions, comme aussi les suites extrêmement convergentes qui donnent le sinus, la tangente, etc., par l'arc, peuvent être fort utiles dans certaines circonstances. Un astronome qui, dans des pays éloignés, serait privé de ses tables par quelque accident, se verrait absolument déconcerté; mais avec ces formules, il pourrait continuer ses calculs, et tirer les résultats de ses observations. Plusieurs auteurs ont traité de ces moyens de se passer des tables ; entre autres, *Snellius,* dans sa *Cyclométrie, Huygens,* dans le traité *de Circuli magnitudine inventa, Leibnitz,* dans un écrit inséré dans les *Actes de Leipsic,* sous le titre de *Trigonometria canonica à tabularum necessitate liberata* [a], et plusieurs autres.

---

[a] *Hugenii Opera varia,* p. 387, et *Act. erud.,* ann. 1691, p. 178.

XXIII.

Je ne saurais passer sous silence l'ingénieuse méthode pour la quadrature approchée des courbes, dont *Newton* a donné la première idée dans son traité intitulé *Methodus diffe-rentialis*[1]. Elle consiste à déterminer, par le moyen de plusieurs ordonnées de la courbe proposée, également ou inégalement distantes entre elles, l'équation d'une autre courbe de genre parabolique qui passe par toutes leurs extrémités[a]. On appelle ici *courbes de genre parabolique* celles qui ont une équation de cette forme : $a + bx + cx^2 + dx^3 +$ etc., parce que ce sont en effet des paraboles de genre supérieur, comme on le voit dans l'*énuméra-tion des lignes du troisième ordre*, donnée par *Newton*[a]. Or, comme une courbe de cette nature est toujours absolument quarrable, qu'elle serre de très près la courbe proposée, et d'au-

---

[1] *Newtoni Opuscula*, t. I, p. 273.

[a] On s'est borné ici au cas où les ordonnées sont également distantes entre elles, la solution étant con-sidérablement compliquée dans celui où leurs distances entre elles sont inégales.

[a] *Newtoni Opuscula*, t. I, p. 247.

tant plus qu'elle passe par les extrémités d'un plus grand nombre d'ordonnées, il s'ensuit qu'on aura, en la quarrant, l'aire approchée de la première.

L'étendue et l'objet de cet écrit ne me permettent pas de développer ici les propositions fondamentales dont *Newton* fait usage pour parvenir à la solution de ce problème. Je me contenterai de présenter cette solution elle-même, et j'indiquerai un moyen simple et lumineux de s'assurer de son exactitude.

Soit donc donné le nombre et la grandeur de plusieurs ordonnées également distantes entre elles, A, B, C, D, E (*fig.* 22); nous supposerons ici qu'il y en a cinq; on prendra leurs différences A—B, B—C, C—D, D—E, qu'on écrira avec les signes qui leur conviennent, suivant qu'elles se trouveront positives ou négatives, le terme à soustraire pouvant être plus petit ou plus grand que celui dont on doit le retrancher. Nous nommerons, pour abréger, ces premières différences a, b, c, d; on prendra ensuite les différences de celles-ci, $a—b, b—c$, etc., que nous appellerons encore, pour simplifier, a', b', c', et dont les différences prises dans le même ordre seront représentées par a'', b''; enfin nous poserons pour la dernière différence, $a'' - b'' = a'''$. Cela fait, soit toujours m l'ordonnée du milieu, qui est ici C; que l'on nomme p la moyenne arithmétique $\dfrac{b+c}{2}$ entre les deux différences moyennes b et c; que l'on fasse $b' = q$, $\dfrac{a''+b''}{2} = r$, $a''' = s$, et ainsi de suite, si le nombre des ordonnées surpasse 5. Ici s est le dernier terme, et quelquefois, suivant la nature de la progression des ordonnées, la suite des différences se terminera plus tôt : mais cela ne jettera aucune difficulté dans la solution; les termes qui manqueront seront simplement réputés o.

Après cette première préparation, on formera les produits successifs des termes de cette progression :

$$1, x, \frac{x}{2}, \frac{x^2-1}{3x}, \frac{x}{4}, \frac{x^4-4}{5x}, \frac{x}{6}, \text{ etc.};$$

c'est-à-dire qu'on multipliera le premier terme par le second, puis le produit par le troisième terme, etc.; cela donnera la suite des produits

$$1, x, \frac{x^2}{2}, \frac{x^3-x}{6}, \frac{x^4-x^2}{24}, \text{etc.}, \text{qu'on multipliera}$$

respectivement par m, p, q, r, s, etc. Ces produits, ajoutés ensemble, donneront la valeur de l'ordonnée correspondante à l'abscisse x; ainsi l'équation de la courbe sera

$$y = m + px + q\frac{x^2}{2} + r\frac{x^3 - x}{6} + s\frac{x^4 - x^2}{24}.$$

. Il faut remarquer qu'alors les abscisses x prennent leur origine au point F, qu'elles s'étendent positivement de F vers H, et négativement de F vers h; c'est-à-dire que la valeur de x est positive pour la partie FGIH de la courbe, et qu'elle doit être négative pour la partie FGih, suivant les règles si connues aujourd'hui, dans l'analyse des courbes. Ainsi, pour avoir l'ordonnée po, il faudrait, dans l'équation précédente, changer les signes de toutes les puissances impaires de x.

Il est aisé de s'assurer, par la méthode suivante, de la justesse de la solution qu'on vient de voir; il n'y a qu'à examiner si, lorsque les abscisses deviennent.....o, FQ, FH, Fq, Fh, il en résulte les ordonnées FG, QR, HI, qr, hi. A l'égard de la première, cela est évident; car quand $x = o$, il ne reste pour la valeur de l'expression que le premier terme m, qui est égal à l'ordonnée moyenne C ou FG. Pour démontrer les autres cas, il faut développer les différences que nous avons désignées par des

lettres simples; ce procédé nous donnera....
A—B, B—C, C—D, D—E, pour les premières, et $\frac{B-D}{2}$, pour p, qui représente la moyenne entre les deux du milieu. Les secondes différences seront.... A — 2B + C, B—2C+D, C — 2D + E, dont la moyenne B—2C+D est q. Les troisièmes différences sont A—3B+3C—D, B—3C+3D—E, et la quatrième A—4B+6C—4D+E. Ici nous remarquerons en passant que les coefficiens de ces expressions sont toujours ceux du binome $a - b$, élevé à la puissance indiquée par le rang de la différence. Faisons à présent $x = 1$ ou FQ; l'équation se réduit à $y = m + p + \frac{q}{2}$; et si, au lieu de m, p, q, on met leurs valeurs trouvées ci-dessus, elle devient..........
$C + \frac{B-D}{2} + \frac{B-2C+D}{2} = B$, c'est-à-dire la valeur de QR. Qu'on fasse $x = -2$ ou Fh, on aura $y = m - 2p + 2q - r + \frac{1}{2}s$, où, mettant au lieu de m, p, q, r, s, leurs valeurs en A, B, C, D, E, tout se réduit à $y = E$, ou hi. Il en sera de même si l'on donne à x les autres valeurs Fq ou Fh, c'est-à-dire qu'il en résultera les ordonnées qr, hi; ainsi la courbe passe par les sommets de toutes ces ordonnées.

Il n'a encore été question que du cas où les ordonnées sont en nombre impair ; quand leur nombre sera pair, par exemple, A, B, C, D, on prendra, comme à l'ordinaire, leurs premières, secondes, troisièmes différences, jusqu'à la dernière (*fig.* 23); on nommera m la moyenne arithmétique entre les deux du milieu, p la différence b ou B—C, q la moyenne entre a', b', enfin a'' sera appelée r. On multipliera ensuite, comme ci-dessus, les termes suivans : $1, x, \frac{4x^2-1}{4.2x}, \frac{x}{3}, \frac{4x^2-9}{4.4x}, \frac{x}{5}, \frac{4x^2-25}{4\ 6x}$, etc.; et leurs produits successifs étant affectés des coefficiens m, p, q, r, s, etc., donneront

$$m + px + q\frac{4x^2-1}{4.2} + r\frac{4x^3-x^2}{12.2}$$

pour l'expresssion cherchée de y, qui ne comprend ici que ces quatre premiers termes, parce que tous ceux au-delà de r sont supposés nuls. Ici l'origine des abscisses est toujours le point qui partage en deux également l'intervalle des deux ordonnées moyennes, et elles s'étendent positivement vers H, et négativement dans le sens contraire.

Rien à présent n'est plus aisé que de trouver l'aire entière de la courbe qui passe par les points i, r, G, R, I (*fig.* 22); il suffit d'être initié dans le calcul intégral, pour voir qu'il faut multiplier la somme des ordonnées PO, *po* par dx, et intégrer comme à l'ordinaire; car, en multipliant PO par dx, cela est visible à l'égard du segment FGOP; mais il semble qu'on devrait multiplier *po* par $-dx$, car F*p* $=-x$; cependant comme par ce moyen l'aire FG*op* paraîtrait sous une forme négative, et que néanmoins elle doit être ajoutée positivement à la première, il faudrait changer ses signes avant l'addition. Or la multiplication de *po* par dx, et non par $-dx$, produit précisément cet effet; ainsi il n'y a qu'à prendre la somme de PO et de *po*, et la multiplier par dx: son intégrale sera l'aire OP*po*; et quand FP sera faite $=$FH, l'intégrale sera l'aire entière HIG*ih* [1].

Prenons d'abord le cas de cinq ordonnées; en changeant les signes des termes où sont les puissances impaires de x, dans la valeur PO, ce qui donne la valeur de *po*, et les ajoutant ensemble, nous aurons

$$PO + po = 2m + qx^2 + s\frac{x^4 - x^2}{12}.$$

On peut remarquer ici que tous les termes

---

[1] On dirait aujourd'hui qu'il faut prendre l'intégrale $\int y dx$ depuis $x =$ F*h* ou $-$FH, jusqu'à $x =$ FH.

affectés des différences premières, troisièmes, cinquièmes, etc., s'évanouissent, et qu'il ne s'agit que de doubler les autres, ce qui facilitera beaucoup l'opération ; cela aura également lieu dans le cas des ordonnées en nombre pair. Enfin, l'expression qui convient à ce cas étant multipliée par dx et intégrée, devient

$$2mx + \frac{qx^3}{3} + \frac{sx^5}{60} - \frac{sx^3}{36}.$$

Il ne reste donc qu'à faire $x = 2$, et l'on aura pour l'aire cherchée, $4m + \frac{8}{3}q + \frac{32}{60}s - \frac{8}{36}s$ $= 4(m + \frac{2}{3}q + \frac{2}{15}s - \frac{1}{18}s)$.

On trouvera, par un moyen semblable, que dans le cas de quatre ordonnées, l'intégrale est $3(m + \frac{9}{24}q - \frac{1}{8}q) = 3(m + \frac{1}{4}q)$.

Présenté sous cette forme, le théorème de *Newton* serait déjà d'une grande utilité pour calculer assez commodément les aires approchées des courbes, et surtout de celles qui se résolvent en suites peu convergentes, dont l'approximation est extrêmement pénible ; mais ce théorème fournit encore une pratique plus commode, que je vais exposer. *Newton* s'étant contenté de l'indiquer dans le dernier scholie de son traité, ce que je vais ajouter en sera une espèce de commentaire, de même que le discours précédent a pu servir à jeter quelque jour sur le reste de cet excellent traité.

Reprenons encore ici le cas de cinq ordonnées, pour lequel nous avons trouvé... $4(m + \frac{2}{3}q + \frac{2}{15}s - \frac{1}{18}s\ )$; l'on a fait voir plus haut quelles étaient les valeurs de q et de s, en expressions où il n'entre que des ordonnées : on a trouvé $q = B - 2C + D$, et.... $s = A - 4B + 6C - 4D + E$. On pourra donc substituer à m, q, s, ces valeurs, et l'opération faite, la formule ci-dessus deviendra $\frac{4}{90}(7A + 32B + 12C + 32D + 7E)$, ce qui est égal à $\frac{1}{90}[7(A+E) + 32(B+D) + 12C]$, ... multiplié par 4, ou plus généralement par l'intervalle entre la première et la dernière ordonnée, intervalle que nous nommerons dorénavant R. On s'assurera par un semblable procédé que, lorsqu'on n'emploiera que trois ordonnées, l'aire approchée sera $\frac{1}{6}(A+C+4B)\,R$; pour sept, elle sera $\frac{1}{840}[41(A+G) + 216(B+F) + 27(C+E) + 272D]\,R$. Nous ne pousserons pas plus loin cette table pour les nombres impairs d'ordonnées, parce qu'il est rare qu'on ait besoin d'en employer plus de sept; d'ailleurs il est aisé d'y suppléer dans le besoin.

La méthode n'est pas différente pour les or-

données en nombre pair. On a vu plus haut que, pour 4, la formule devenait $3\left(m + \frac{1}{4}q\right)$; un peu auparavant on a remarqué que q était la moyenne entre les deux différences....
$A - 2B + C$ et $B - 2C + D$, c'est-à-dire $= \dfrac{A - B - C + D}{2}$, et que m était la moyenne entre B, C, c'est-à-dire $\dfrac{B + C}{2}$; conséquemment la formule se réduira à $\frac{3}{8}[A + D + 3(B + C)]$; ou bien, en nommant encore R la portion de l'axe comprise entre la première et la dernière ordonnée, $\frac{1}{8}[A + D + 3(B + C)]R$: pour six ordonnées, on aura $\frac{1}{288}[19(A + F) + 75(B + E) + 50(C + D)]R$ [1].

Nous allons enfin ranger toutes ces expressions en forme de table, pour la commodité des lecteurs qui en auraient besoin; mais, pour abréger, nous y nommerons simplement A' la somme de la première et de la dernière ordonnée, B' celle de la seconde et de la pénultième, etc., et dans le cas des ordonnées en nombre impair, la dernière lettre sera l'ordonnée du milieu. Nous avons négligé les cas où

---

[1] Ces formules se trouvent dans l'*Harmonia mensurarum* de Cotes, p. 33, deuxième pagination.

l'on n'emploierait qu'une ou deux ordonnées,
parce qu'on ne doit en attendre aucune exactitude. La première colonne contient le nombre
des ordonnées, à côté duquel est exprimée l'aire.

$$3 \quad \tfrac{1}{6}(A' + 4B') \; R.$$
$$4 \quad \tfrac{1}{8}(A' + 5B') \; R.$$
$$5 \quad \tfrac{1}{90}(7\,A' + 32B' + 12C') \, R.$$
$$6 \quad \tfrac{1}{288}(19A' + 75B' + 50C') \, R.$$
$$7 \quad \tfrac{1}{840}(41A' + 216B' + 27C' + 272D') \, R.$$

Newton ajoute, ce qui peut servir à simplifier beaucoup ces calculs, que si l'on prend le
double de l'ordonnée du milieu, et que l'on
joigne ensemble les ordonnées qui en sont également distantes, comme QR avec *qr*, HI avec
hi, qu'enfin l'on substitue ces sommes à chacune des premières ordonnées QR, HI, il se
formera une nouvelle courbe γϝφι, dont l'aire
sera égale à celle de la première. Cela revient
à ce qui a été démontré plus haut, que, pour
avoir l'aire des deux parties POGF, *po*GF de
la courbe par une même et unique intégration,
il fallait ajouter les deux ordonnées PO, *po*,
multiplier leur somme par *dx*, et intégrer
ensuite. *Newton* propose encore quelques
moyens propres à transformer ces courbes,
mais mon dessein n'est pas de faire un com-

mentaire de son traité entier ; ainsi je reviens à mon objet principal, en appliquant cette méthode à la mesure du cercle.

Nous supposerons pour cet effet, que le rayon est 8, et qu'il est divisé en huit parties égales, afin d'avoir cinq ordonnées dans le segment AE*ea* (*fig.* 24) qui répond au demi-rayon ; mais ces ordonnées auront, en fractions décimales, les valeurs suivantes : Aa=8,000000, Bb= $\sqrt{63}$=7,937253, Cc=$\sqrt{60}$=7,745966, Dd = $\sqrt{55}$ = 7,416198, enfin Ee = $\sqrt{48}$ =6,928203. Ainsi A′, somme de la première Aa et de la dernière Ee, sera 14,928203 ; B′, somme de la deuxième Bb′ et de la quatrième Dd, sera 15,353451 ; on aura enfin C ou Cc=7,745966. Par conséquent les $7A' + 32B' + 12C'$ de la formule qui convient au cas de cinq ordonnées, seront 688,759445, ce qui doit être multiplié par 4 et divisé par 90. Ces opérations donneront 30,611530 pour l'aire du segment A$a$$e$E ; et si l'on en retranche le triangle AEe=13,856406, le reste 16,755124 exprimera le secteur A$a$$e$ dont le triple ou 50,265372 sera le quart de cercle entier, le quarré du rayon étant..... 64,000000 : et enfin réduisant ce rapport au dénominateur 1,000000, on trouvera le premier nombre =0,785396, ce qui ne diffère

que de $\frac{2}{1000000}$ ou $\frac{1}{50000}$, du nombre 0,785398,
lequel pèche bien peu par défaut, puisque
le chiffre suivant n'est que l'unité. Enfin si,
partant du nombre 0,7853981, on remonte au
segment A*ae*E, on trouvera 30,611566, valeur qui coïncide dans les six premiers chiffres
avec celle qui a été trouvée ci-dessus.

Nous donnerons encore un exemple de l'application de ces formules à la mesure d'un espace circulaire. Ici nous ne prendrons que
quatre ordonnées également distantes, dans le
même segment dont il vient d'être question.
Pour cela, il faudra supposer le rayon divisé
en six parties égales; et alors ces quatre ordonnées seront en fractions décimales, 6,00000,
5,91607, 5,65685, 5,19615; par conséquent
A′ + 3B′, formule des quatre ordonnées, aura
pour valeur 45,91491, qu'il faudra multiplier
par 3 et diviser par 8, ce qui donnera 17,21809.
Afin de voir jusqu'à quel point ce nombre
approche de l'exactitude, il n'y a qu'à en retrancher le triangle AE*e*, qui est ici 7,79422,
et le reste 9,42387 étant triplé, donnera pour
le quart de cercle, 28,27161; ce qui, comparé
au quarré du rayon 36000, est la même chose
que 0,7852 à 1,00000 : l'erreur est $\frac{2}{100000}$ ou
à peu près un 14000ᵉ, ce qu'on doit regarder

comme peu considérable, eu égard à la facilité de l'opération.

Mais si l'on faisait usage de la remarque de *Newton*, et qu'on doublât, dans le cas des cinq ordonnées, celle du milieu C*c*, que l'on prît ensuite les sommes des ordonnées QR et *qr*, HI et *hi*, pour en faire les nouvelles ordonnées Qρ, Hι de la courbe $\gamma\rho\omega\iota$, il faudrait seulement employer la formule $(A' + 4B')\frac{R}{6}$, ou $\frac{1}{3}(A' + 4B')$, puisqu'ici R$=$2 : on aurait alors A$' + 4$B$' = $91,833939. Or ce nombre divisé par 3 donnerait 30,611313, qui approche considérablement encore de la vraie valeur; car, en retranchant le triangle AE*e* $=$ 13,856406, et triplant le reste 16,754907, on a pour le rapport du quart du cercle au quarré du rayon, celui de 50,264721 à 64,000000; ce qui est la même chose que celui de 0,785386 à 1,000000. On voit que le premier nombre s'accorde dans ses quatre premiers chiffres, avec le nombre de *Ludolph ;* les deux derniers chiffres devraient être 98 au lieu de 86, de sorte que l'erreur n'est que d'un 83000e. Il y a donc quelque avantage, comme le remarquait *Newton*, à réduire le cas de cinq ordonnées à celui de trois, puisque l'erreur est encore presque in-

sensible, et que l'opération est considérablement abrégée. C'est pourquoi, afin de faire
cette réduction commodément, il faudra substituer, à la formule $\frac{1}{6}(A' + 4B')R$, celle-ci :
$\frac{1}{12}(A' + 4B' + 2C')R$, en prenant, comme à
l'ordinaire, A' pour la somme de la première
et la cinquième, B' pour la seconde et la quatrième, et C' pour la moyenne ; car cette formule équivaudra à la réduction qu'on vient de
faire des cinq ordonnées à trois.

XXIV.

Thomas Simpson, un des plus profonds géomètres qui illustrent aujourd'hui l'Angleterre,
a donné pour mesurer les aires des courbes,
une nouvelle méthode que nous croyons devoir
joindre ici aux précédentes[a]. Il suppose, de
même qu'on l'a fait dans l'article ci-dessus,
un certain nombre d'ordonnées à égales distances ; et, par une opération fort simple, il
trouve l'aire de la courbe avec une exactitude
qui approche beaucoup de la vérité : cette
méthode est fondée sur la considération suivante. Soit la courbe IRG*ri* (*fig.* 22), et que

---

[a] *Mathematical Dissertations*, p. 109.

l'on conçoive les sommets des deux ordonnées FG, *hi*, joints par une ligne droite; on peut imaginer, dans le petit segment G*ri*, un segment parabolique inscrit qui aura son sommet en *r*, et son axe ou diamètre dans la position *rq*. Lors donc que les ordonnées équidistantes seront suffisamment voisines, on pourra regarder cet arc parabolique comme coïncidant avec la courbe proposée. Or, ayant tiré une parallèle à G*i* par le sommet *r*, ce segment est égal aux deux tiers du parallélogramme G*ri* = F*h* × *ur* : l'aire FG*rih* est donc égale au trapèze FG*ih*, plus aux deux tiers de ce petit parallélogramme. Mais *ur* est la différence de *qr* à *qu*, moyenne arithmétique entre GF et *hi*; c'est par conséquent $qr - \dfrac{GF + hi}{2}$ ou $\dfrac{2qr - GF - hi}{2}$, ce qui, étant multiplié par $\frac{2}{3}F h$, donne $\frac{1}{3}qh(4qr - 2GF - 2hi)$. D'un autre côté le trapèze FG*ih* = $qh(GF + hi)$; d'où, en ajoutant ces deux grandeurs et réduisant au même dénominateur, on tirera l'aire.... FG*rih* = $\frac{1}{3}qh(hi + 4qr + GF)$. Par la même méthode, on trouvera l'aire.... FGRIH = $\frac{1}{3}QH(HI + 4QR) + GF$, et l'aire entière sera la somme $hi + 4qr + 2GF + 4QR + HI$ multipliée par $\frac{1}{3}$ QH ou $\frac{1}{3}qh$. De là il suit que si l'on prend quatre fois les ordonnées deuxième, quatrième, sixième, etc., une fois la première et la dernière, et le double de toutes les autres, qu'on multiplie ensuite ces sommes par le tiers de la distance commune QH, des ordonnées, on arrivera fort près de l'aire de la courbe. Donnons-en un exemple.

Nous reprendrons pour cela les cinq ordonnées du segment de cercle AaeE (*fig.* 24), dont l'abscisse AE est égale au demi-rayon; l'intervalle BA est l'unité; ainsi l'aire AaeE sera $\frac{1}{3}$(Aa + Ee + 4Bb + 4Dd + 2Cc), ce qui, en mettant à la place de ces ordonnées leurs valeurs, deviendra 30,611646; d'où l'on tirera, comme on a fait plus haut, le rapport du quart de cercle au quarré du rayon, comme 0,785401 à 1,000000. Or ce rapport ne diffère de 0,785398 que de $\frac{3}{1000000}$ ou un 330000ᵉ. Je ne crois pas qu'on puisse rien trouver de plus simple, et en même temps de plus approchant de la précision.

Au reste, il est aisé d'apercevoir que cette règle exige nécessairement que le nombre des ordonnées soit impair; mais c'est une sujétion légère qui diminue très peu ses avantages. Il est aussi à propos, afin qu'elle ait son effet entier, que la courbe soit ou toute convexe, ou toute concave vers son axe, à moins que les ordonnées ne soient extrêmement voisines ; autrement il faudrait tirer une ordonnée du point d'inflexion, qui la partagerait en deux segmens, l'un concave, l'autre convexe, vers l'axe, et on les mesurerait à part.

J'ajouterai qu'on pourrait, dans certains cas, rendre cette règle beaucoup plus parfaite, en déterminant quelle espèce de parabole conviendrait le mieux avec le petit segment curviligne. Il faudrait pour cela examiner quel rapport les distances de l'arc Gri à sa tangente en r, prises dans le sens des ordonnées, ont avec les portions correspondantes de l'axe des abscisses. Si celles-là, par exemple, étaient comme les cubes de celles-ci, il est visible que le segment parabolique le plus voisin de celui de la courbe appartiendrait à une parabole dont l'équation est $y^3 = x$; alors la règle changerait un peu, ce petit segment étant au parallélogramme circonscrit comme 5 à 4 ; mais je me contenterai d'indiquer cette addition à l'ingénieuse règle de *Simpson*, parce que ce n'est pas ici le lieu d'en approfondir davantage la théorie. Les géomètres me comprendront du premier coup, et il faudrait

pour les autres des explications assez longues [1].

XXV.

Je terminerai ce chapitre en donnant une
idée de l'ingénieux moyen dont *Jean Bernoulli*
a fait usage pour déterminer des limites de
plus en plus rapprochées du rapport de la circonférence du cercle à son diamètre. On s'est
borné à un court extrait de l'écrit de *Bernoulli*,
parce que la nature du sujet ne permet guère
de l'analyser avec plus de détail, sans tomber
dans une prolixité que nous cherchons à éviter.
Les lecteurs dont nous aurons excité la curiosité pourront consulter les œuvres de ce grand
homme (tome IV, p. 98), qui sont ou qui
doivent être entre les mains de tous ceux qui
aspirent à des connaissances profondes dans la
Géométrie et l'Analyse.

La méthode dont nous venons de parler
consiste en ceci : qu'on imagine qu'une courbe

---

[1] On a depuis beaucoup étendu et varié les formules de ce genre : pour ne parler que de celles qui se
rapportent immédiatement à ce passage, je citerai les
mémoires de MM. Kramp et Berard, dans les tomes VI,
VII, VIII et IX des *Annales de Mathématiques* publiées par M. Gergonne.

telle qu'un quart de cercle (dont les tangentes aux deux extrémités se rencontrent l'une l'autre perpendiculairement) se développe en commençant par une de ses extrémités, et s'étende en ligne droite, cette extrémité décrira une nouvelle courbe qu'on pourra supposer se développer aussi, mais en sens contraire, c'est-à-dire en commençant par le côté qui a été décrit le dernier; de là en naîtra une troisième que l'on concevra développée de la même manière, et ainsi à l'infini. Toutes ces courbes, comme le remarque *Bernoulli,* approchent de plus en plus de l'égalité et de la similitude parfaite, et elles ne tardent même pas à être sensiblement égales : on peut encore observer qu'elles deviennent de plus en plus semblables à des cycloïdes. C'est une conséquence de cette vérité connue, que ces courbes sont les seules à ordonnées parallèles, dont le développement ne fait que les reproduire [1].

Ayant donc nommé *a* la première courbe, c'est-à-dire le quart de circonférence dont

---

[1] Cette conséquence n'est pas si simple qu'elle n'ait besoin d'une preuve immédiate ; elle a été démontrée pour la première fois par Euler (*Novi Comment. Acad. Petrop.*, t. X, p. 179); ensuite par Lagrange (Manus-

le rayon est l'unité, *Bernoulli* détermine la longueur de toutes les autres par une suite d'expressions fort régulières et fort aisées à continuer pour tel nombre de courbes qu'on voudra. Ces expressions ont de plus cet avantage, d'être extrêmement simples; car, après les réductions convenables, elles ne renferment que la grandeur *a* élevée à une puissance dont l'exposant est celui du rang de la courbe en comptant la première, et affectée uniquement de quelques coefficiens numériques.

Que l'on suppose donc, ajoute *Bernoulli*, que deux de ces courbes qui se suivent immédiatement soient égales entre elles, et qu'on égale les deux expressions qui les désignent. Comme elles ont cette forme : Ma^r, Na^{r+1}, il en résultera nécessairement une équation simple entre *a*, ou le quart de la circonférence, et une fraction numérique qui sera sa valeur; or il est évident que cette valeur approchera d'autant plus de l'exactitude, que la supposition qui l'a donnée s'en écartera moins.

---

crits déposés à la bibliothèque de l'Institut); par M. Legendre (*Exercices de calcul intégral*, t. II, p. 541); enfin par M. Poisson (*Journal de l'École Polytechnique*, xviiie cahier, p. 431).

Cette considération conduit à déterminer des limites alternativement plus grandes et moindres qu'il ne faut; car en égalant la première et la seconde courbe, on trouve, pour le rapport du quart de cercle au rayon, un nombre qui excède le vrai; au contraire, la supposition d'égalité entre la seconde et la troisième en donne un trop petit, et ainsi de suite. Au reste, ces limites approchent avec assez de promptitude les unes des autres; en effet, la comparaison de la douzième et de la treizième courbe fournit le rapport de 1,0000000 à 3,1415900, et l'égalité supposée entre la treizième et la quatorzième, celui de 1,0000000 à 3,1415935; or ces deux valeurs de la circonférence,......
3,1415900, 3,1415935, sont, l'une trop petite, l'autre trop grande, et coïncident néanmoins jusqu'au sixième chiffre; ainsi elles sont vraies dans les six premiers, comme on le sait d'ailleurs par les approximations si connues de *Viète, Ludolph,* etc.

CHAPITRE V.

Histoire des Quadrateurs les plus célèbres.

I.

J'ai donné, dans le cours de cet ouvrage, le nom de *quadrateurs* à ces hommes qui, pour la plupart, à peine initiés dans la Géométrie, entreprennent de quarrer le cercle, ou s'obstinent à maintenir d'absurdes paralogismes pour une solution légitime de ce problème. Ayant à les nommer souvent, il me fallait un terme nouveau pour éviter les circonlocutions, ou ne pas leur prodiguer le titre de géomètres, qu'ils méritent si peu. J'ai fait usage de la liberté qu'*Horace* accorde dans une pareille circonstance; le mot de *quadrateur* m'a paru assez heureux pour mon objet, et je l'ai adopté.

Le même motif qui m'a porté à désigner ces esprits d'une trempe si singulière, par une dénomination nouvelle, m'a conduit à ne parler d'eux que dans un article à part : *Hippocrate de Chio* et *Grégoire de Saint-Vincent* méritaient seuls quelque distinction à cet égard.

Aurais-je dû exposer de suite les découvertes dont nous nous sommes occupés jusqu'ici, et les ridicules prétentions de tant de quadrateurs anciens et modernes ? Non, sans doute : c'eût été trop honorer ces derniers et faire une espèce d'injure aux auteurs des inventions ingénieuses qu'on a exposées dans les chapitres précédens ; les noms d'un *Archimède*, d'un *Wallis*, d'un *Newton*, figureraient mal à côté de ceux des *Bryson*, des *Oronce Finée*, des *Delaleu*, des *Basselin*, etc.

Mais, diront sans doute quelques personnes judicieuses, quelle utilité peut-il y avoir à tirer de la poussière ces noms déjà dégradés auprès de la postérité et de leur siècle même, par les erreurs de ceux qui les ont portés ? Je me suis fait cette question plus d'une fois, et plus d'une fois j'ai été sur le point de supprimer cet article entier ; cependant, après quelques réflexions, j'ai pensé que l'histoire d'un problème célèbre par tant de tentatives et de chutes honteuses, ne pouvait être complète qu'en faisant connaître du moins quelques-uns de ceux qui se sont signalés par ce ridicule ; il y a d'ailleurs une sorte de justice à traduire devant la postérité, des hommes qui semblent avoir, de propos délibéré, fermé les yeux à la grande évidence. Si l'erreur grossière, et presque volontaire, n'était punie que de l'obscurité et de l'oubli, ce châtiment léger serait trop peu capable de retenir les nombreux imitateurs de ceux dont je parle; ils deviendront peut-être plus circonspects en voyant le mépris et l'espèce de tache qui accompagnent les noms de ceux dont ils suivent les traces. (*Voy.* p. 20.)

II.

Il y eut parmi les anciens, comme parmi nous, un grand nombre de ces faibles géomètres, qui se persuadèrent avoir trouvé la quadrature du cercle; j'en ai déjà cité quelques-uns par occasion. La prétendue quadrature de *Bryson,* qui faisait le cercle moyen proportionnel entre les quarrés inscrit et circonscrit, est une erreur indigne de la Géométrie, soit qu'on l'entende du moyen arithmétique ou du moyen géométrique; car la différence est de près d'un vingt-unième dans le premier cas; et à l'égard du dernier, on savait déjà de son temps que le moyen géométrique entre ces quarrés était l'octogone inscrit.

C'est sans doute de ce nombreux essaim de quadrateurs que parle *Archimède,* dans la préface de sa *Quadrature de la parabole.* On y lit que plusieurs avaient déjà tenté de quarrer le cercle et l'ellipse, mais qu'ils n'avaient enfanté que des paralogismes, ou supposé des principes qu'on ne pouvait leur accorder. La ressemblance de notre âge avec celui d'*Archimède* est entière; combien de quadrateurs qui commencent à partir de quelque principe directement contraire à la Géométrie! Nous en avons un aujourd'hui pour qui la partie n'est pas moindre que le tout; pour qui la diagonale et le côté du quarré ne sont pas incommensurables, qui réussit enfin à merveille avec ces principes féconds à quarrer le cercle, non par la méthode des géomètres, mais *par le mécanisme en plein des figures;* ce sont là ses propres termes : *spectatum admissi risum teneatis amici.* (*Hor., Ars poet.,* v. 5.)

III.

Je ne dirai rien des siècles d'obscurité qui ont précédé le renouvellement des sciences parmi nous : on a dû trouver souvent la quadrature du cercle dans ces temps où les plus habiles savaient à peine une partie de la Géométrie élémentaire d'*Euclide.* Je ne m'amuserai pas à y fouiller pour en retirer la précieuse découverte de quelque nom inconnu et qui mérite de l'être; je passe à un temps sur lequel nous avons plus de lumière.

IV.

Le premier qui, à la renaissance des lettres, occupa les géomètres à réfuter ses erreurs, est le fameux cardinal *de Cusa;* il prétendit avoir réussi à quarrer le cercle par deux voies différentes. Suivant l'une, il faisait rouler sur un plan un cercle ou un cylindre, jusqu'à ce que le point qui l'avait touché au commencement de la révolution retournât s'y appliquer. Cependant il faut lui rendre cette justice, il n'était pas assez maladroit pour prétendre déterminer ce point par un mécanisme si grossier; il cherchait à le faire géométriquement; mais son opération est tout-à-fait erronnée. Son autre méthode lui donnait cette fausse détermination de la circonférence : *Si l'on a un cercle,* disait-il, *et qu'on en décrive un second dont le diamètre soit égal au rayon du premier, augmenté du côté du quarré inscrit, le triangle équilatéral inscrit dans ce second cercle, sera isopérimètre au premier.* Ce n'est pas même là une approximation; car un calcul très simple fait voir que la circonférence ainsi déterminée s'écarte beaucoup en-dessous des limites d'*Archimède. Regiomon-*

tanus s'y prit de cette manière pour réfuter la prétention de ce cardinal géomètre : ce qu'il fit dans plusieurs lettres écrites en 1464 ou 1465, mais imprimées seulement en 1533, avec quelques autres œuvres posthumes de ce savant astronome. Quant à la première quadrature du cardinal *de Cusa*, elle fut de nouveau réchauffée au commencement du seizième siècle, par un certain *Bovillius* de Vermandois, que sa seule obscurité a préservé de la risée des géomètres.

V.

A ces malheureux quadrateurs succéda, vers le milieu du seizième siècle, *Oronce Finée*. Celui-ci se proposa un objet bien plus vaste qu'aucun mathématicien de ses prédécesseurs ; la quadrature du cercle n'est qu'une petite partie des nombreuses découvertes qui composent son livre, *de Rebus mathematicis hactenus desideratis*. L'invention des deux moyennes proportionnelles, la trisection de l'angle, l'inscription de tous les polygones d'un nombre impair de côtés, dans le cercle, que sais-je? Rien ne se refusa à ses efforts : il surmonta lui seul toutes les difficultés qui avaient jusque là arrêté les géomètres ; mais l'illusion ne fut pas de longue durée. Un de ses disciples, nommé *Buteon*, mathématicien plus judicieux, l'attaqua le premier et démontra ses erreurs. Il fut secondé par un mathématicien portugais, justement célèbre de son temps, savoir, *Pierre Nonius* (ou *Nugnes*, dans sa langue), qui releva les bévues d'*Oronce* avec plus d'étendue, dans un livre exprès, intitulé *De erratis Orontii*. Ainsi s'évanouit l'espérance d'une immortalité brillante dont *Oronce* s'était flatté; et l'ouvrage sur lequel il s'était reposé pour sa réputation fut regardé comme une des plus misérables productions qu'on eût vues depuis long-temps.

Au reste, *Oronce* prétendait, ce qu'il peut être utile à quelqu'un de savoir pour le préserver de la même erreur; il prétendait, dis-je, que la circonférence du cercle était la moindre des deux moyennes proportionnelles entre les contours des quarrés inscrit et circonscrit; mais cette moyenne excède les simples limites d'*Archimède*, et on le réfuta dès lors en le lui montrant. Depuis ce temps, *Huygens* a démontré immédiatement que la circonférence du cercle était toujours moindre que la moindre des deux moyennes, soit arithmétiques, soit géométriques, entre les contours des polygones semblables, inscrit et circonscrit, quels qu'ils soient.

VI.

On vit peu de temps après la chute d'*Oronce*, paraître dans la carrière un nouveau prétendant à l'honneur de quarrer le cercle; il se nommait *Simon Van-Eyk(Duchesne)*. Celui-ci fut apparemment moins maladroit que les précédens; car *Pierre Métius,* qui le réfuta, fut obligé pour le faire, de déterminer des limites beaucoup plus resserrées que celles d'*Archimède :* ce fut là l'occasion de sa découverte du rapport approché de 113 à 355, qui convient avec les chiffres de *Ludolph,* jusqu'au septième inclusivement. La quadrature de *Duchesne* ne résista pas à cette rigoureuse épreuve, et fut universellement reconnue pour fausse.

VII.

Parmi ceux qui se sont flattés dans ces derniers temps d'avoir atteint précisément la vraie mesure du cercle, aucun ne l'a fait avec plus de confiance que *Joseph Scaliger.* Non content de la célébrité dont il jouissait comme profond érudit, il prétendit acquérir le premier rang parmi les mathématiciens. La découverte de la quadrature du cercle lui en parut un moyen assuré; et il la trouva comme font tous ceux qui, à peine initiés dans la Géométrie, s'engagent à la rechercher, persuadés qu'elle ne leur échappera pas. Il exposa sa rare découverte dans le livre intitulé *Nova Cyclometria,* en 1592; et l'air d'assurance avec lequel il l'annonça en imposa à bien des gens, qui n'hésitèrent pas à lui ceindre le laurier de géomètre; mais ceux à qui seuls il appartenait de décider du mérite géométrique en jugèrent bien autrement. Le grand nom de *Scaliger* demandait de grands adversaires. *Viète,* le premier mathématicien de son temps, le réfuta, de même qu'*Adrianus Romanus,* géomètre célèbre des Pays-Bas, et le P. *Clavius.* Ce dernier surtout le mortifia extrêmement; il fit voir que de la quadrature prétendue de *Scaliger,* il s'ensuivait que la circonférence du dodécagone inscrit était plus grande que celle du cercle qui le renfermait. Il ne se borna pas à cela; les solutions pitoyables de la trisection de l'angle, de l'inscription des polygones, données par *Scaliger,* ne furent pas traitées avec plus d'indulgence. Ses paralogismes, sa contradiction perpétuelle avec les principes les plus assurés de la Géométrie, furent mis au grand jour par l'Allemand *Clavius,* qui, pour rendre la critique encore plus amère, releva le contraste humiliant des grossières bévues de *Scaliger*, avec sa confiance et la manière insultante dont il avait traité *Euclide* et *Archimède*. Il n'y eut qu'une voix à son sujet, du moins parmi les géomètres. J'ajoute à dessein cette restriction, car je n'ignore pas que tel est regardé comme un grand homme par des gens hors d'état de l'apprécier, qui n'est qu'un objet de mépris pour ceux qui cultivent le même art ou la même science. Nous en avons de nombreux exemples. Quant à *Scaliger*, couronné par ses amis ou quelques ignorans, il fut mis, par ceux qui étaient versés dans la Géométrie, au rang des plus maladroits quadrateurs.

VIII.

Une histoire aussi détaillée des autres géomètres de cette espèce serait longue, et le peu d'intérêt qu'on doit y prendre ne la rendrait pas supportable : je me borne donc à faire passer brièvement en revue ceux dont il me reste à parler. J'ai regret de trouver ici *Longomontanus*. Ce célèbre astronome du commencement du siècle dernier se fit un vrai tort, par la faiblesse qu'il eut de se faire illusion sur la quadrature du cercle. Il voulut que le dia-

mètre fût à la circonférence comme 100000 à
314185 [a]; cela est suffisamment réfuté par les
rapports qu'on a donnés ci-dessus, suivant lesquels la circonférence est moindre que 314160
des mêmes parties; mais *Longomontanus* mérite quelque indulgence, eu égard aux travaux
utiles dont on lui est redevable en Astronomie.
A peu près dans le même temps, *Jean-Baptiste
Porta*, Napolitain, tenta la voie des lunules
pour parvenir à la quadrature du cercle. On
trouve bien des puérilités dans son ouvrage,
qui aboutit enfin à des paralogismes palpables;
et quoiqu'il y eût mille propriétés curieuses des
lunules, que des géomètres qui ne songeaient
pas à la quadrature du cercle ont aperçues
(*voyez* ci-dessus, p. 40, la note *a*), *Porta* n'en
rencontra aucune, mais seulement des erreurs.
Tel est ordinairement le procédé de ceux qui
s'adonnent à ce problème : il est hors d'exemple
que leur travail ait procuré la moindre découverte géométrique ; j'en excepte le seul
Grégoire de Saint-Vincent, dont j'ai parlé avec
éloge.

Le fameux *Hobbes* donnait, il y a près d'un

---

[a] Huygens, *De circuli magnitudine inventa, Opera
varia*, p. 385.

siècle, dans un travers semblable ; on peut même dire qu'il surpassa en ridicule tous ses prédécesseurs en ce genre ; car non-seulement il crut avoir réussi à quarrer le cercle, et à trouver les deux moyennes proportionnelles, mais on ne vit jamais un pareil acharnement à le soutenir contre *Wallis*, qui prit la peine de le réfuter par plusieurs écrits. Le dépit qu'il en conçut se tourna contre les géomètres et la Géométrie elle-même. D'abord il en avait admis la méthode et les principes ; les contradictions que *Wallis* lui opposa le conduisirent peu à peu à s'inscrire en faux contre tous les axiomes, et il en entreprit la réforme entière dans le livre intitulé *De ratiociniis et fastu geometrarum.* Cette querelle lui fit enfanter une foule d'autres écrits, dont les extraits consignés dans les *Transactions philosophiques,* ne contribueront pas à établir sa réputation dans la postérité.

Je citerais encore un grand nombre d'autres personnages à mettre à côté de ces premiers. Un *Olivier de Serres,* qui trouvait savamment que le cercle était double du triangle équilatéral inscrit ; et, ce qui donne une grande idée de ses connaissances en Géométrie, il ignorait que ce double est l'hexa-

gone[1]. Un sieur *Delaleu,* qui fatigua vers le milieu du siècle passé, les géomètres, par son obs-
tination à maintenir ses paralogismes, contre les
réfutations solides et évidentes qu'on y opposa.
Un sieur *Mallemant de Messange,* célèbre dans
les journaux du temps, par ses impertinens sys-
tèmes physiques[a]. Un sieur *Detleve Cluver*[b],
qui quarrait métaphysiquement le cercle, et dé-
quarrait (qu'on me permette ce terme) la parabole, insultant aux géomètres qui avaient été
si long-temps les dupes d'*Archimède.* Il ne tint
pas à *Leibnitz* de se donner la comédie et à
toute l'Europe, en le mettant aux prises avec
Nieuwentyt, qui, dans le même temps, entas-
sait bien des mauvais raisonnemens sur le calcul

---

[1] Ceci n'est pas exact. Dans le 3e chap. du 1er lieu de
son *Théâtre d'Agriculture,* Olivier de Serres dit qu'il
a trouvé, au moyen de leur poids, que le cercle et le
quarré construit sur le côté du triangle équilatéral ins
crit sont sensiblement égaux ; mais il n'annonce aucune prétention à une découverte, et veut seulement
suppléer à des considérations plus élevées qu'il paraît
n'avoir pas connues : aussi Montucla, dans la dernière
édition de son *Hist. des Math.,* ne l'a-t-il plus mis au
nombre des quadrateurs.

[a] *Journal des Savans,* 1679, 80, 81, etc.

[b] *Actes de Leipsic,* ann. 1695.

différentiel. *Mathulon*, enfin, condamné il y a environ trente ans, par un tribunal de justice, à la peine qu'il s'était imposée lui-même, si l'on convainquait sa quadrature de fausseté : la perte d'une somme de mille écus fut la punition qu'il essuya pour avoir eu l'ambition de quarrer le cercle, et la témérité de défier par-devant notaires, les géomètres de relever la moindre erreur dans ses raisonnemens.

Parmi cette foule de quadrateurs obstinés à se refuser aux preuves les plus évidentes, *Basselin* est un des plus récens ; il ne faut qu'avoir jeté les yeux sur son livre, pour juger que c'était un des plus pitoyables et des plus embarrassés. Son prétendu rapport s'accordait à peine jusqu'au quatrième chiffre, avec les limites trouvées par *Ludolph;* aussi prétendait-il infirmer leur certitude, parce qu'elles sont au-dessous du juste milieu de celles d'*Archimède*. On lui demandait quelle assurance il avait que la véritable grandeur du cercle ne fût pas au-dessous de ce juste milieu. C'était, répondait-il, sa quadrature ; et il se disait assuré qu'elle était exacte, parce qu'elle se rencontrait dans les limites d'*Archimède*, comme si mille autres rapports aussi faux que le sien ne se rencontraient pas également entre ces limites.

En vain lui faisait-on mille raisonnemeus très palpables pour le désabuser, ce pauvre géomètre qui, dans le temps qu'il quarrait le cercle, ignorait qu'*Archimède* eût quarré la parabole, est mort dans l'intime persuasion qu'une postérité plus équitable reconnaîtrait quelque jour ce que ses jaloux contemporains lui contestaient; car c'est un faible qui ajoute encore au ridicule des gens de cette espèce, que de se persuader que la jalousie seule des savans et surtout des académies, leur oppose les contradictions qu'ils essuient. *Basselin* appréhendait extrémement les effets de cette jalousie, ou quelque plagiat odieux; il en agit toujours avec les commissaires qu'il avait extorqués, comme un homme qui craint de se voir enlever un secret inestimable; il ne dévoila entièrement sa découverte que dans l'impression, pour s'en assurer la gloire.

IX.

J'avais cru d'abord devoir m'imposer la loi de ne point parler des quadrateurs vivans, puisque je ne pouvais avec équité les ranger dans une autre classe que ceux qu'on vient de voir; mais j'ai fait réflexion que puisqu'ils avaient couru le hasard du jugement du public, il m'était permis de les citer devant lui : je me bornerai néanmoins à un petit nombre, c'est-à-dire à ceux que le hasard m'a présentés, ou à qui la singularité de leurs prétentions a donné une sorte de célébrité.

Liger a rempli les *Mercures* d'écrits concernant la quadrature du cercle, et a fait un ouvrage particulier pour prouver que la partie n'est pas moindre que le tout, qu'il n'y a point d'incommensurables, que la racine quarrée de 24 est la même que celle de 25, et celle de 50 la même que celle de 49, etc. Il prouve tout cela, non par des raisonnemens métaphysiques, mais clairement et aux yeux, par le *mécanisme en plein des figures,* pour me servir de l'expression qu'il emploie dans un écrit que j'ai vu de lui. Le sieur *Tondu* de Nangis est l'auteur de l'insigne découverte de mesurer, non plus les lignes courbes en les comparant aux droites, mais les droites en les comparant aux courbes.

Le sieur *Clerget* a redressé les idées des géomètres sur le cercle. On l'avait cru, depuis l'enfance de la Géométrie, une figure plus grande qu'aucun polygone régulier inscriptible, quel que fût le nombre de ses côtés, ou, suivant la Géométrie moderne, un polygone qui en a une infinité. L'auteur dont nous parlons a trouvé que c'est un polygone d'un certain nombre de côtés déterminé. Fondé apparemment sur de nouvelles découvertes arithmétiques, il prétend qu'il y a de la contradiction dans la valeur approchée que les géomètres assignent à la circonférence circulaire ; car, dit-il, comment se peut-il faire que les uns l'exprimant par $\frac{3\,1415}{1\,0000}$, d'autres nous disent qu'elle est $\frac{3\,14159265}{100000000}$, et qu'enfin il y en ait qui l'expriment par 20, 30 chiffres, etc. Avec une pareille sagacité, l'auteur pourra contester que la racine quarrée de 2 soit $\frac{1414}{1000}$, à moins d'un millième près, parce qu'un autre affectant une exactitude supérieure, aura dit qu'elle était $\frac{1\,4142135}{1\,0000000}$, qui en diffère de moins qu'un 1 0000000e. M. C. enfin ne se bornant pas à la découverte de la quadrature du cercle, a trouvé la trisection de l'angle, et surtout, ce qui est admirable, la grandeur du point où se touchent deux sphères inégales. Il démontre aussi, à l'aide des principes féconds dont il est l'inventeur, que la terre ne peut tourner autour de son axe et dans son orbite, sans une absurdité palpable.

Il m'aurait été facile de grossir cette liste, si j'avais donné le moindre soin à rechercher ces écrits dignes de l'oubli où ils tombent, après avoir quelquefois amusé le public par leur singularité et la confiance de leurs auteurs ; mais je croirais avoir à me rendre compte à moi-même d'un temps si mal employé, et je craindrais d'encourir le blâme des géomètres, si je leur présentais un plus grand nombre de ces objets, qui ont à peine auprès d'eux le mérite du ridicule.

———

CHAPITRE VI.

Addition, contenant l'histoire de quelques autres problèmes fameux en Géométrie, comme ceux de la duplication du cube ou des deux moyennes proportionnelles, et de la trisection de l'angle.

I.

L'impression de cet ouvrage était fort avancée, lorsque des personnes aux avis desquelles je défère, m'ont conseillé de profiter de l'occasion présente pour traiter historiquement ces deux problèmes, qui le cèdent peu en célébrité à celui de la quadrature du cercle. Je me suis déterminé sans peine à ce nouveau travail, dans la vue de l'utilité qui peut en être le fruit. On ne voit en effet que trop de personnes malheureusement obstinées à la recherche des deux moyennes proportionnelles, ou de la trisection de l'angle, sans avoir jamais examiné et connu la nature de ces questions. Ce chapitre, indépendamment qu'il contient un morceau assez curieux de l'histoire de la Géométrie, m'a paru propre à les instruire et à les désabuser ; elles y verront qu'elles s'occupent infructueusement à rechercher, ou ce qui est déjà trouvé, ou ce qu'on ne saurait trouver. Je m'explique : ces problèmes sont résolus autant qu'ils peuvent l'être ; en ce sens, y travailler, c'est chercher ce dont on est déjà en possession ; mais prétendre les résoudre par la règle et le compas seulement, c'est-à-dire par de simples intersections de lignes droites et circulaires, c'est s'obstiner à une recherche vaine et impossible. Cette vérité n'est aujourd'hui sujette à aucune contestation parmi les géomètres, et l'on s'attachera plus bas à la bien prouver. J'entre en matière, et je commence par la duplication du cube [1].

II.

Il s'agit, dans cette première question, de

---

[1] En 1798, M. Nicolas Théodore Reimer a publié sur ce sujet un ouvrage spécial, intitulé *Historia problematis de cubi dupplicatione* (Gottingue), dans lequel il a fait une revue exacte des fragmens que les anciens nous ont laissés, fragmens peu connus lorsque Montucla écrivait. La plus grande partie se trouve dans le *Commentaire* d'Eutocius sur Archimède, dont Torrelli a laissé une édition bien complète, qui a été imprimée à Oxford en 1792.

trouver un cube, ou plus généralement un solide quelconque, précisément double ou en
raison donnée, avec un solide semblable. Les
géomètres aperçurent bientôt que cela se réduisait à déterminer les deux moyennes proportionnelles continues entre deux lignes données.
Hippocrate de Chio fut, dit-on, l'auteur de
cette remarque; elle suit de cette propriété des
progressions géométriques si connue, que le
quarré du premier terme est au quarré du second comme le premier au troisième; le cube
du premier terme à celui du second comme le
premier au quatrième, etc.; c'est-à-dire qu'en
général la puissance du premier terme, désignée
par l'exposant n, est à la puissance semblable du
second, comme le premier terme à celui dont
le rang dans la suite est exprimé par $n + 1$.
Ainsi A étant le côté d'un cube proposé, la première des deux moyennes continues entre A et
mA, sera le côté d'un cube multiple du premier, comme m l'est de l'unité[1]. Ce qu'on vient
de dire des côtés d'un cube s'applique aux côtés
homologues des solides semblables; il suffit,
pour le voir, d'être initié dans la Géométrie.

---

[1] Puisque dans la progression $\div$ A : x : y : mA, ou
aura A³ : x^3 :: A : mA, d'où $x^3 = m$A³.

III.

Tout le monde sait la manière dont on raconte l'origine du problème de la duplication du cube : c'est en Géométrie un trait aussi fameux que celui de l'hécatombe immolée par *Pythagore*. Si l'on s'est moqué avec justice de ce prétendu sacrifice, qui n'est compatible ni avec les facultés d'un philosophe, ni avec les dogmes qu'enseignait celui de Samos[a], on ne doit pas plus d'égards à l'histoire qu'on fait du problème des deux moyennes proportionnelles. Je ne répéterai donc pas ici ce qu'on trouve dans tant d'autres endroits, la fable de cette divinité bizarre, qui demandait un autel précisément double de celui qu'elle avait, et qui fit continuer la peste qui ravageait l'Attique jusqu'à ce qu'on l'eût satisfaite. *Eratosthènes* donne à ce problème célèbre une origine moins brillante. Un certain tragique, dit-il, avait introduit sur la scène *Minos* élevant un monument à *Glaucus*[1]; ses entrepreneurs lui donnaient cent palmes en tous sens; mais le prince, sur l'inspection de l'ouvrage, qui ne répondait

---

[a] Cicéron, *De natura deorum*, III, 36.

[1] M. Reimer dit que c'est Euripide, et cite la *Diatribe* de Walckenaer sur les fragmens de ce poète.

pas à sa magnificence, ordonna qu'on le fît double : de là, ajoute-t-il, quelques-uns prirent sujet de demander aux géomètres comment ils exécuteraient une pareille volonté? Ils tentèrent la question de bien des manières, tâchant de construire un cube double d'un autre, jusqu'au temps d'*Hippocrate*, qui leur enseigna qu'elle se réduisait à l'invention des deux moyennes proportionnelles continues. Dans la suite, l'oracle de *Delphes* ayant demandé qu'on doublât l'autel du dieu qui y présidait, les entrepreneurs voulant exécuter cet ordre, furent obligés de consulter l'école platonicienne, qui faisait une étude spéciale de la Géométrie. Telle est, suivant *Ératosthènes*, la manière dont le problème de la duplication du cube se présenta la première fois aux géomètres, et dont il leur fut proposé de nouveau, après en avoir été, ce semble, oublié pendant quelque temps [1].

---

[1] *Voy*. dans les *OEuvres morales* de Plutarque, *Du démon de Socrate*, *De la signification du mot* ε, et le 8ᵉ livre des *Symposiaques;* voy. aussi *Vitruve*, liv. 9, ch. 2. La citation d'Ératosthènes se rapporte à une lettre adressée par ce géomètre au roi Ptolomée Évergète; on la trouve à la page 144 de l'édition d'Archimède indiquée plus haut; elle est suivie d'une épigramme.

Mais quelle que soit l'occasion qui les engagea dans cette recherche, il est certain qu'elle avait acquis une grande célébrité dès le temps de *Platon. Valère Maxime* (liv. VIII, ch. 12), raconte au reste un trait fabuleux, quand il dit que ce philosophe renvoya à *Euclide* les députés qu'on lui avait adressés, comme au plus habile géomètre de la Grèce; comment cela pourrait-il se soutenir, puisqu'il est certain qu'*Euclide* le géomètre ne florissait qu'un demi-siècle après *Platon*, et que le philosophe de Mégare, qui porta le même nom, ne s'occupait que de sophismes? Quelques-uns ont soupçonné qu'il fallait lire *Eudoxe;* il est, je crois, plus sûr de traiter toute l'histoire de fable.

IV.

L'école platonicienne fournit plusieurs solutions du problème de la duplication du cube. *Platon* en donna d'abord une fort simple, et qui n'emploie que les moyens de la Géométrie élémentaire; il est vrai qu'elle exige un tâtonnement, et l'usage de quelque instrument autre que la règle et le compas, ce qui n'est point admis dans la rigueur géométrique. Ce défaut que le chef des géomètres ne chercha pas à

éviter, nous donne lieu de penser qu'il n'eut en
vue que la facilité de l'exécution, et qu'il sacri-
fia à cet avantage réel une délicatesse super-
flue. Voici en substance le procédé de Platon.
Si l'on a deux triangles, comme ACD, CDE
(*fig.* 25), rectangles l'un en C, l'autre en D,
et dont les hypothénuses AD et CE soient
perpendiculaires l'une à l'autre, les lignes AB,
BC, BD, BE sont en proportion continue.
Ayant donc disposé à angle droit les deux extrêmes donnés AB, BE, il s'agit de tirer des
points A, E, les parallèles AC, ED, jusqu'aux
prolongemens de AB, CB, et de faire qu'en
même temps les deux angles en C et D soient
droits. Pour exécuter cela avec plus de facilité,
Platon imagina un instrument composé d'une
base FG (*fig.* 25*), et de deux coulisses FH,
GI, perpendiculaire, dans lesquelles glissait
une règle mobile KL, qui par là restait toujours parallèle à la base. Cet instrument ser-
vait à trouver à la fois les points C, D : pour
cet effet, on écartait de la base la règle mobile,
et l'on faisait en sorte que, les points A, E étant
dans ces deux parallèles, les lignes ABD, EBC
passassent par les angles de ces parallèles avec
l'une des coulisses latérales. Par ce moyen, les
angles C, D étaient droits, et en même temps

les lignes AC, ED parallèles, ce qui résolvait le problème[1]. Quelques-uns variant la construction de *Platon*, se servirent de deux équerres mobiles, ACD, CDE, qu'on disposait de manière que le point A étant dans le côté AC, et les lignes BC, BD passant par les angles C et D des équerres, le côté DE rencontrât le point E. Ce dernier procédé a fourni à un analyste du seizième siècle (*Raphaël Bombelli*), l'idée de construire par une voie semblable toutes les équations des troisième et quatrième degrés, ce qu'il exécute fort ingénieusement[2].

V.

La solution donnée par *Platon* a, comme on voit, le défaut de ne pouvoir être avouée par la Géométrie; elle est, à la vérité, commode dans l'exécution, mais elle blesse la rigueur dont cette science se fait gloire. *Archytas* en donna une autre, qui a un défaut tout-à-fait contraire; celle-ci est uniquement intellectuelle; d'ailleurs, elle est fort satisfaisante pour l'esprit, et peut faire concevoir une idée

---

[1] Voy. *Archimedis Opera*, Oxoniæ, 1792, p. 135, et l'ADDITION à la page 223 du présent ouvrage.

[2] *Voyez* son *Algèbre*.

avantageuse du génie de son inventeur. Afin d'abréger, je me contenterai de l'indiquer. *Archytas* imagine, sur la surface d'un cylindre droit, une ligne courbe décrite par l'intersection continuelle de cette surface, avec la circonférence d'un demi-cercle qui se meut d'une certaine manière; ensuite il fait rencontrer cette ligne courbe par une surface conique, ce qui donne un point d'où dépend la solution du problème. Au reste, comme je l'ai déjà dit, quelque ingénieux que soit ce procédé, il est tout pour l'esprit, la pratique n'en saurait tirer aucun secours.

VI.

Ceux qui connaissent peu l'ancienne Géométrie se persuadent ordinairement que la vraie solution de ce problème est d'une date moderne, et que *Descartes* en a le premier dévoilé le principe. Il est vrai qu'il l'a beaucoup perfectionnée, mais les anciens l'avaient déjà ébauchée dès le temps de *Platon*. Nous avons deux solutions d'un géomètre contemporain et disciple de ce philosophe, qui emploient les sections coniques : dans l'une, ce sont deux paraboles; dans l'autre, une hyperbole entre les asymptotes combinée avec une parabole. Ce géomètre est *Ménechme*, frère de *Dinostrate*, à qui un vers de l'épigramme d'*Érastothènes* semble attribuer l'invention des sections coniques : ses deux solutions sont trop remarquables pour ne les pas rapporter ici; je les exposerai, en suivant la méthode analytique dont il se servit apparemment pour y parvenir.

Je suppose que les extrêmes données soient A et D, et les deux moyennes cherchées B et C : le quarré de B sera donc égal au rectangle A × C, à cause de la proportion continue qui règne entre A, B, C; par conséquent la ligne B sera l'ordonnée d'une parabole, dont A est le paramètre et C l'abscisse. Soit donc décrite avec ce paramètre et sur l'axe AC indéterminé, une parabole AB*b* (*fig.* 26); les lignes B et C seront quelques-unes des coordonnées BC, AC, ou *bc*, A*c*, ou etc.; mais B, C et D étant continuement proportionnelles, le quarré de C doit être égal au rectangle B × D, ou l'abscisse AC cherchée de la première parabole doit être telle, que son quarré soit égal au rectangle de BC, par la seconde des extrêmes données. AC étant donc encore considérée comme abscisse, BC sera l'ordonnée d'une parabole extérieure AB*6*, dont la propriété est, comme on sait, d'avoir les quarrés de ses abscisses constamment égaux

aux rectangles de ses ordonnées par une ligne
constante; au reste, cette parabole extérieure
n'est que la parabole ordinaire décrite sur un
axe AD, perpendiculaire au premier. Ainsi l'intersection de ces deux paraboles donnera la
solution désirée, puisque par ce moyen, BC,
comme ordonnée de la première parabole ABb,
sera telle que A : BC :: BC : AC, et qu'en vertu
de la seconde AB$\mathscr{b}$, on a BC ou AD : BD :: BD
ou AC : D; d'où il est manifeste que A, BC, AC
et D sont en proportion continue.

Une analyse facile conduit de même à la seconde solution de *Ménechme;* car, puisque les
quatre lignes A, B, C, D sont en proportion, le rectangle B × C est égal au rectangle
constant et donné A × D. Les lignes cherchées B, C sont donc les coordonnées d'une
hyperbole ODI (*fig.* 27), entre ses asymptotes,
et où les rectangles, comme CIAB, ciaB, sont
tous égaux entre eux et au rectangle A × D.
Or, à cause de la proportion continue, le quarré
de B est égal au rectangle C × A; d'où il suit
que B est l'ordonnée d'une parabole dont le paramètre est A, et l'abscisse C. Ayant donc pris
BA pour axe, on voit qu'en décrivant la parabole BD, dont le paramètre est A, elle coupera
l'hyperbole à l'endroit cherché D, qui don-

nera les deux moyennes ED, BE. En effet, à cause de la parabole, $A : ED :: ED : BE$, et ces mêmes lignes ED, BE, appartenant à l'hyperbole, donnent $ED \times BE = A \times D$, c'est-à-dire $A : ED :: BE : D$; d'où se conclut aisément la proportion continue.

Quoique j'aie donné des éloges à ces deux solutions, je n'ignore cependant pas qu'elles ont un défaut assez considérable, défaut qui n'a pas échappé aux anciens même. Il consiste en ce qu'elles emploient deux sections coniques, tandis qu'une seule combinée avec un cercle pouvait suffire. C'est en quoi les *Descartes*, les *Sluse*, etc., ont beaucoup perfectionné la méthode des lieux géométriques. Les anciens employaient ordinairement les premiers qui se présentaient, et ce n'étaient pas toujours les plus simples; les modernes ont enseigné à choisir les plus commodes : mais cela doit peu diminuer le mérite de l'auteur de cette ingénieuse invention; aurait-on droit d'attendre qu'il lui eût donné tout à coup la perfection dont elle était susceptible? La Géométrie ancienne nous en fournit d'autres exemples où il n'y a rien de pareil à redire.

VII.

Eudoxe de Cnide fut un des géomètres contemporains de *Platon,* qui travaillèrent à la duplication du cube; il ne reste plus de traces de sa solution, grâces à la mauvaise humeur d'*Eutocius* [a], qui la déprime fort et nous la représente comme pitoyable. Cependant on en pensera bien autrement, si l'on a quelque égard au témoignage d'*Ératosthènes* [b], qui en parle avec autant d'éloge qu'*Eutocius* affecte de mépris pour elle; et le jugement de ce philosophe et géomètre célèbre doit l'emporter sur celui du commentateur d'*Archimède,* venu près de dix siècles après *Eudoxe,* et qui n'a peut-être vu qu'un manuscrit altéré. Cet endroit d'*Ératosthènes* nous apprend que le géomètre de Cnide avait imaginé certaines courbes particulières pour la résolution de ce problème, et que ces courbes étaient différentes des sections coniques, puisqu'il parle plus haut de ces dernières au sujet de *Ménechme.* Les courbes inventées par *Eudoxe* avaient proba-

---

[a] *Comm. in Archimed. de sphæra et cylindro, Archimed. Opera,* p. 135.

[b] *Ibidem,* p. 144.

blement de la ressemblance avec celles que le même motif a fait imaginer à divers géomètres, tels que le père *Griemberger* [a], *Renaldini* [b], qui nomme les siennes *Mediceæ*, comme si une maison illustre avait à tirer quelque nouvel éclat d'une courbe géométrique; *Barrow*, qui fort sagement ne donne aucun nom aux siennes [c], etc.

VIII.

Le problème des deux moyennes proportionnelles continua d'être un sujet sur lequel s'exercèrent les plus habiles géomètres. *Ératosthènes*, dont nous avons parlé si souvent, le résolut par une voie nouvelle, et qu'il est aisé d'appliquer à trouver tant de moyennes proportionnelles qu'on voudra : il n'y emploie que des lignes droites; aussi est-il obligé de recourir à un instrument autre que la règle et le compas. Celui qu'il propose est composé de plusieurs planchettes mobiles, qui coulent les unes sur les autres parallèlement à elles-mêmes : je ne le décris pas, afin d'abréger; on peut le

---

[a] *Villalpandi, descriptio templi Salomonis.*

[b] *De resolutione et comp. mathem.*, tom. III.

[c] *Lectiones geometricæ*, p. 131.

voir dans *Eutocius* ou dans *Pappus* [a]. *Ératos-*
thènes écrivit sur cela un petit traité intitulé
Mesolabium, qu'il adressa au roi *Ptolomée,* et
qu'*Eutocius* nous a conservé, de même que
les vers par lesquels il célébra son invention.
Ces vers cependant ne la préservèrent pas des
railleries de *Nicomède* : celui-ci s'en moquait
comme d'une chose qui n'était ni bien subtile
ni bien conforme à l'esprit de la Géométrie;
mais il y a un peu trop de rigueur dans cette
critique. La solution d'*Ératosthènes,* quoique
mécanique, ne laisse pas d'être assez ingénieuse.

IX.

Après ces solutions viennent celles d'*Apol-*
lonius, d'*Héron* d'Alexandrie et de *Philon* de
Byzance; je les joins ensemble, parce qu'elles
ne sont proprement que la même, variée au
gré de ces géomètres. Suivant l'un d'eux, après
avoir fait, des deux lignes données AC, CB, le
rectangle AB (*fig.* 28), et partagé la diagonale
AB en deux également en R, il faut décrire de
ce point un arc de cercle GIF, tel que la ligne
GF menée par les intersections G, F de ce

---

[a] *Archimed. Opera,* p. 144; *Collectiones mathem ,*
lib. III, p. 8. *Voyez* l'ADDITION à la page 223.

cercle avec les côtés CA, CB prolongés, passe par l'angle D; alors les lignes BF, AG sont les moyennes que l'on cherche. Cette construction revient à décrire sur la ligne AB un demi-cercle, et à tirer FDG, de sorte que les segmens FE, DG soient égaux : on peut satisfaire en tâtonnant à ces conditions; et ainsi le faisait *Philon* de Byzance, et *Apollonius* même, au rapport d'*Eutocius*. Ce commentateur d'*Archimède* attribue à *Héron* d'Alexandrie une solution rigoureusement géométrique, au moyen de l'hyperbole décrite par le point D, entre les asymptotes CA, CB, et dont l'intersection avec le demi-cercle ADB déterminait le point E, par lequel il fallait mener la ligne FDG. Cette solution, il faut le remarquer, est une des plus simples et des plus élégantes; mais on doit en faire honneur à *Apollonius*. En pensant ainsi, je me fonde sur le témoignage de *Pappus,* qui dit qu'*Apollonius* résolut le problème par les sections coniques, et qui attribue à *Héron* la solution qu'*Eutocius* donne à *Apollonius*[a] : l'ouvrage d'*Héron* sur les machines de guerre confirme le rapport de *Pappus* [1].

---

[a] *Collect. mathem.,* l. III, p. 9.

[1] M. Reimer, p. 125 de l'ouvrage cité plus haut,

X.

De toutes les solutions anciennes du problème de la duplication du cube, celle de *Nicomède* est une des plus ingénieuses[a]. Par une
analyse très subtile, ce géomètre réduisit la
question à celle d'insérer, dans un angle comme
*a*D*b* (*fig.* 29), une ligne droite de grandeur
donnée, qui, étant prolongée, passe par un
point P; et comme cela ne se peut exécuter généralement par la Géométrie plane, il imagina,

---

(p. 217) réfute l'opinion de Montucla, et pense qu'il
faut s'en rapporter à *Eutocius* sur le véritable auteur
de cette solution. *Voyez* l'ADDITION à la page 223.

[a] *Nicomède* était un géomètre dont l'âge paraît
devoir être fixé vers le second siècle avant J.-C.; car
on sait d'abord qu'il était postérieur à *Ératosthènes*,
qui fleurit dans le cours du troisième, puisque, suivant *Eutocius*, il se moquait de sa solution. D'un autre
côté, *Proclus* (*Comment. in Euclid.*, lib. 3, prop. 9,
prob. 4) nous assure qu'il fut l'inventeur des conchoïdes, sur lesquelles *Geminus*, contemporain ou
peu postérieur à *Hipparque*, écrivit au long dans ses
Enarrationes Geometricæ que nous n'avons plus : ces
deux circonstances fixent l'âge du géomètre dont nous
parlons, entre *Ératosthènes* et *Hipparque*, à peu près
vers l'an 180 avant l'ère chrétienne.

pour y suppléer, sa *conchoïde*, avec un instrument propre à la décrire par un mouvement continu. La propriété de cette ligne *a*A*a* est telle, que *b*B*b* étant son axe, toutes les lignes AB, *ab*, *ab*, tirées des points de la courbe vers le pôle P, sont égales entre elles. La figure 30 représente l'instrument dont voici la construction : BP et BC sont deux règles assemblées à angle droit ; le pôle P est marqué par une pointe fixe qui passe dans une rainure faite à la règle mobile *ab* : *a* et *b* sont deux pointes immobiles sur cette règle : la première décrit la courbe demandée, lorsque la seconde parcourt la rainure de la règle fixe BC. On voit facilement que cette courbe est propre, par sa génération, à satisfaire au problème auquel *Nicomède* rappelait celui des deux moyennes proportionnelles ; car, soit un angle *a*D*b* (*fig.* 29), où il s'agit d'insérer la ligne *ab*, donnée de grandeur et de sorte qu'étant prolongée, elle passe par le point P : qu'on décrive sur l'axe *b*DB*b*, une conchoïde dont le pôle soit P ; son intersection avec le côté D*a* donnera évidemment le point *a* d'où doit être tirée la ligne *ab* vers le point P.

Cette construction préliminaire étant supposée, voici comment *Nicomède* résolvait le

problème des deux moyennes proportionnelles.
Il faisait d'abord un rectangle des lignes données AC, CB (*fig.* 28), et il les divisait chacune
en deux également aux points I, L ; il menait
ensuite la ligne DIH, et ayant élevé la perpendiculaire LK, telle que BK fût égale à CI,
il tirait KH, et sa parallèle BS : c'était dans
l'angle FBS qu'il fallait adapter la ligne SF
égale à CI et passant par K, ce qui déterminait le point F de sorte qu'en tirant FDG, les
lignes BF, AG étaient les moyennes cherchées.

A l'égard de la démonstration, il donnait la
suivante. J'ai cru devoir la rapporter ici,
parce qu'elle est assez composée pour ne pas se
présenter facilement, même à des géomètres
habiles. La ligne BC, disait-il, étant partagée
en deux également au point L, donne le rectangle $BF \times CF$, plus le quarré de LB égal
au quarré de LF : ajoutant donc de part et
d'autre le quarré de LK, on a $CF \times BF + LB^2$
$+ LK^2$, ou $CF \times BF + BK^2 = LF^2 + LK^2 = KF^2$;
mais $GA : AC :: BC : BF$; donc $GA : \frac{1}{2}AC$
ou $AI :: 2BC$ ou $BH : BF$. Conséquemment,
en composant, $GI : AI :: HF : BF :: KF : SF$,
d'où il suit que GI est égal à KF, puisque AI
est égal à SF. Maintenant $GI^2 = CG \times GA + AI^2$;
donc $CG \times GA + AI^2 = CF \times BF + BK^2$, parce

qu'on a montré plus haut que ces derniers rectangles étaient égaux à KF^a : donc, ôtant ce qu'ils ont de commun, savoir, AI^a et BK^a, égaux par la construction, il restera $CG \times GA = CF \times BF$; d'où l'on tire la proportion $CG : CF :: BF : GA$. Or $CG : CF :: DB$ ou $AC : BF$; donc $AC : BF :: BF : GA$; mais $AC : BF :: GA : AD$; par conséquent, ces quatre lignes sont en proportion continue.

Cette démonstration fait voir la raison du procédé d'*Apollonius*, d'*Héron* et de *Philon;* ils avaient réduit le problème à faire en sorte que $CG \times GA$ fût égal à $CF \times BF$: or, en décrivant un cercle ADBC, le premier de ces rectangles est égal à $GE \times GD$, et le second à $FD \times FE$; il fallait donc que ces derniers fussent égaux, ce qui arrive quand GD et EF sont égales, et ce que demandaient en effet *Philon* et *Héron* d'Alexandrie. L'autre construction, attribuée à *Apollonius,* suit assez visiblement de celle-ci, pour me dispenser d'une explication.

La solution de *Nicomède* a l'avantage de réduire précisément à la même difficulté l'invention des deux moyennes proportionnelles et la trisection de l'angle; il est fort vraisemblable que ce fut l'objet qu'il se proposa, ou le hasard le servit bien heureusement. Quoi qu'il en soit, comme l'on a montré depuis que toutes les équations des troisième et quatrième degrés se réduisent à ces deux problèmes, on voit déjà que la conchoïde peut servir à les construire avec la plus grande facilité. *Viète* en avait fait la remarque (*Opera,* p. 240) ; mais personne n'en a tiré meilleur parti que *Newton*. Cet illustre géomètre a donné pour chaque forme d'équation du troisième degré, la position du pôle, et la grandeur de l'angle et de la ligne à y insérer. D'un avis différent de *Descartes,* dont il discute les motifs de préférence pour les sections coniques, il établit que la conchoïde est la courbe la plus commode pour construire les équations solides. Les raisons que *Newton* en apporte dans son *Arithmétique universelle* (*Append. sur la construction linéaire des équations*), méritent d'être considérées.

XI.

Il ne reste presque plus à parler que de la solution de *Dioclès* [a] ; celle-ci est encore une des

---

[a] *Dioclès* est un géomètre dont l'âge n'est point connu. Je conjecture néanmoins qu'il vivait plus tard que *Pappus,* qui est du quatrième siècle ; et je me

plus remarquables. A l'imitation de *Nicomède,*
ce géomètre imagina une courbe particulière,
savoir, celle que nous appelons aujourd'hui la
cissoïde, nom qui, pour le remarquer en passant, paraît avoir été commun à une classe entière de courbes chez les géomètres anciens.

Pappus, que je crois antérieur à *Dioclès,*
avait réduit le problème des deux moyennes
proportionnelles à la construction suivante.
Ayant disposé à angle droit les lignes données DC, CL, (*fig.* 31), il décrivait du point C
comme centre le demi-cercle ABD; après quoi
il s'agissait de trouver sur le prolongement de
DL, un point G, tel que, menant la ligne AGH,
les segmens GO, OH fussent égaux; la ligne CO
était la première des moyennes cherchées : en
voici la démonstration, qui nous donnera en
même temps la propriété principale de la cissoïde.

Les lignes GO, OH étant égales, il est évident que CF, CK le seront aussi, et par consé-

---

fonde sur le silence de cet écrivain, qui ne dit rien de
sa solution donnée par le premier, quoiqu'il emploie le
même principe. *Eutocius,* qui vivait vers l'an 540, cite
Dioclès et son livre *De pyriis,* des machines à feu: ce
qui donne lieu de croire qu'il était ingénieur.

quent KH et FE; or AK : KH ou FE :: AF : FG;
et d'un autre côté, à cause des triangles semblables HKD, AKH, AGF, on a KH : KD, ou
EF : AF :: AF : FG. Donc FE, AF, FG sont en
proportion continue; par conséquent les quatre
lignes AK ou DF, FE, AF, FG sont continuement proportionnelles, et FE est la première
des deux moyennes entre AK ou DF et FG;
mais comme c'est entre CD, CL qu'on cherche
les moyennes proportionnelles, et que ces
deux lignes sont en même raison que DF, FG,
il s'ensuit qu'ayant trouvé la première des
moyennes entre ces dernières, il n'y aura plus
qu'une simple proportion à faire pour déterminer la moyenne qui convient à CD, savoir,
comme DF à FE, ou AK à KH, ainsi CD ou AC
à CO : par conséquent CO est la première des
moyennes cherchées.

On voit donc que dans toutes les différentes
positions de la ligne DLG ou de la ligne AGH,
le point G, qui résout le problème, est tellement situé, que GO=OH. De là *Dioclès* prit
occasion de décrire la courbe où se trouvent
tous ces points, au lieu de les chercher par tâtonnement. Alors la première propriété de
cette courbe est, qu'ayant tiré une ordonnée
quelconque FG, les lignes DF, FE, AF, FG sont

en proportion continue. Il est aisé d'en faire l'application au problème des deux moyennes proportionnelles; car ayant mis les extrêmes à angles droits comme ci-dessus, décrit le cercle ABD, et la cissoïde AgGB, la ligne DL prolongée la rencontre en G, d'où tirant AGH, qui coupe CB en O, la ligne CO est la première des moyennes cherchées. La construction de *Sporus* diffère si peu de celles de *Pappus* et de *Dioclès*, qu'on a lieu de s'étonner qu'*Eutocius* ait pris la peine de la développer au long; elle ne méritait pas ce détail.

Je ne dois pas omettre une remarque qui relève beaucoup la solution de *Dioclès;* c'est qu'on peut décrire sa cissoïde par un mouvement continu. *Newton* en a donné le moyen, et il ne faut pour cela qu'une simple équerre. Ayant pris pour pôle le point P tel que PC=AD, qu'on ait une équerre dont le petit côté soit égal à AD, et l'autre indéfini; si on la fait mouvoir de manière que ce dernier côté étant appliqué au point P, l'extrémité du petit côté R coule le long de l'axe ou règle CR, le point *s* qui le partage en deux églement, décrira la cissoïde. (*Arithmét. univers.*, *Appendice sur la construct. linéaire des équations.*)

XII.

Le problème de la trisection de l'angle est de la même nature que le précédent; son affinité avec lui m'engage à exposer d'abord les solutions qu'il reçut dans l'antiquité; je viendrai ensuite aux recherches que l'un et l'autre ont occasionées parmi les modernes.

Les premiers moyens qui se présentent pour parvenir à la trisection de l'angle sont les suivans; et ils sont si naturels, qu'il est à présumer qu'ils ne furent pas long-temps ignorés des anciens. Si BAC (*fig.* 32) est l'angle proposé, après avoir abaissé la perpendiculaire. BC, formé le parallélogramme CG et prolongé CA indéfiniment, il s'agit de tirer la ligne BDE de telle manière que la partie DE soit égale à deux fois la diagonale AB; alors l'angle DEA est le tiers de BAC. Pour le voir, il suffit de prendre le milieu O de la ligne DE et de tirer AO; le triangle AOE est isocèle ainsi que BAO; par conséquent l'angle OEA est la moitié de l'angle ABD, et la somme de ces deux derniers étant égale à BAC, celui-ci est triple de DEA. Il était encore aisé de remarquer que, si d'un point C du demi-cercle ACD (*fig.* 33), on tire CDE, de sorte que la partie DE, interceptée entre la circonférence et le diamètre prolongé, soit égale au rayon, on aura encore l'angle DEF égal au tiers de ABC.

On s'obstina sans doute long-temps à chercher la solution de l'un et de l'autre de ces problèmes par la Géométrie élémentaire, avant que de s'apercevoir qu'ils étaient d'une difficulté supérieure aux moyens que fournit cette Géométrie. Après un grand nombre de tentatives infructueuses, ou qui n'avaient produit que des paralogismes, on se tourna enfin du côté des sections coniques et de diverses autres courbes. *Pappus* nous rapporte la manière ingénieuse dont quelques géomètres employèrent l'hyperbole pour résoudre le premier de ces problèmes auxquels on avait réduit celui de la trisection [a]. Je vais l'exposer, au moyen de l'analyse qui servit à la trouver.

Que DE (*fig.* 32) soit la ligne cherchée, et que l'on achève le parallélogramme GDEF; on voit d'abord que EC : CB :: LG : GD ou EF; conséquemment $EC \times EF = AC \times AG$; d'où il suit que le point F est dans une hyperbole entre les asymptotes (E, CH, et passant par le point G; mais DE est donnée de grandeur, par con-

---

[a] *Collect. mathem.*, 1. 4, prop. 31, 32.

séquent aussi son égale GF ; ce qui fait voir
que le point F est aussi dans la circonférence
d'un cercle dont G est le centre et GF le rayon :
il est donc dans l'intersection commune de
l'hyperbole et du cercle, ce qui le rend aisé à
déterminer, puisqu'il n'y a qu'à décrire une
hyperbole par le point G, entre les asymptotes
CE, CH, et, du point G comme centre, avec
un rayon GF égal à 2AB, décrire un cercle ;
le point où ces deux courbes se couperont
sera tel, qu'abaissant l'ordonnée FE, on aura
le point E qu'on cherche et la position de la
ligne DE.

On peut exécuter la même chose par le
moyen de la conchoïde; car il est évident que
celle qu'on décrira en prenant pour pôle le
point B, avec les ordonnées convergentes à ce
pôle, et de la longueur qu'on demande, coupera la ligne CE au point cherché; ainsi cette
courbe sert également à résoudre le problème
de la trisection et celui des deux moyennes
proportionnelles.

A l'égard de la seconde construction que représente la figure 35, on y satisfera aussi aisément en employant une conchoïde, non pas à
la vérité celle dont on vient de parler, que
les anciens nommaient la *première*; mais la

seconde, qui se décrit au-dessous de l'axe, au lieu que l'autre est décrite au-dessus. Il est à propos de remarquer ici qu'on ne doit point regarder ces deux conchoïdes comme des courbes différentes ; elles sont les deux branches de la même courbe : c'est ainsi que les hyperboles opposées forment ensemble l'hyperbole entière, avec cette différence, que ces dernières s'éloignent de plus en plus de leur axe commun, au lieu que les branches de la conchoïde s'en approchent de plus en plus.

XIII.

Les anciens donnèrent une autre solution du problème de la trisection de l'angle, où ils employèrent l'hyperbole d'une manière différente de celle qu'on a fait connaître un peu plus haut ; c'est encore *Pappus* qui la rapporte [a] : elle est si élégante qu'elle mérite qu'on en fasse mention. C'est une suite de cette belle propriété de l'hyperbole décrite entre des asymptotes faisant un angle de 120°, savoir : que prenant sur son axe une abscisse BA (*fig.* 34), égale à la moitié de l'axe transverse DB, et tirant de ce point A et de l'autre extrémité D

---

[a] *Collect. mathém.*, l. 4, prop. 34.

de l'axe, deux lignes à un point quelconque E, l'angle EAD est toujours double de EDA; par conséquent, si l'on décrit sur la ligne DA un arc quelconque de cercle, la partie AE en sera le tiers. Il est aisé de faire l'application de ceci à partager en trois également un angle ou un arc quelconque; il n'y aura qu'à décrire, sur la ligne DA, l'arc DEA qui mesure l'angle donné DCA; alors ECA en sera le tiers.

Il y a ici une particularité digne d'être observée, c'est que non-seulement la même hyperbole retranche l'arc AS, égal au tiers de l'arc ASD qui reste quand on a ôté de la circonférence entière l'arc AED, mais que l'hyperbole opposée coupe le même arc dans un point e tel, que l'arc ASe est le tiers de la circonférence entière augmentée du petit arc AED. Les anciens ne paraissent pas avoir fait cette dernière remarque; elle aurait pu les étonner. A l'égard des modernes, ils n'y trouveront aucun sujet de surprise; ils savent que le problème conduit nécessairement à une construction qui doit donner trois valeurs différentes à la corde cherchée.

XIV.

Plusieurs courbes que les anciens considérè-

rent, semblent avoir été imaginées dans la
vue de servir à ce problème, du moins envisagé d'une manière plus générale : telles sont
la quadratrice et la spirale, dont la première
n'a pas une date moins reculée que le temps de
Platon. En effet, *Dinostrate,* son inventeur,
était un des géomètres de l'école platonicienne.
On sait que cette courbe est formée par l'intersection continuelle F (*fig.* 34*) d'un rayon
CE qui se meut d'un mouvement angulaire,
et qui parcourt le quart de cercle AEB, tandis
qu'une ligne GF, toujours parallèle à elle-même,
partant d'un même terme, se meut de manière
qu'on ait AG : AC :: AE : AB; ainsi le mouvement angulaire de ce rayon est toujours me-
suré par une ligne droite, ce qui fait qu'il est
toujours facile de le diviser, non-seulement en
parties égales, mais encore suivant un rapport
quelconque donné, fût-il irrationnel : il ne
faudra pour cet effet que diviser la droite AC
de la même manière, ensuite tirer les rayons
par les points de la quadratrice qui répondent
aux points de division sur cet axe AC. La spirale ordinaire a évidemment la même propriété ; c'est aussi une suite de sa génération.
Toutes les courbes enfin qui sont décrites par
une combinaison de mouvemens rectilignes et

circulaires, courbes dont la Géométrie moderne présente un grand nombre, jouissent du
même avantage ; mais il est à remarquer que
ces courbes ne résolvent le problème que par
une espèce de pétition de principe : il faut les
supposer entièrement décrites; et pour les décrire en entier, il faudrait avoir ou la quadrature indéfinie du cercle, ou la solution du problème général de diviser un angle en raison
quelconque; par conséquent, les solutions
qu'elles donnent ne sont que des spéculations,
dont la pratique ne peut tirer tout au plus que
des moyens d'approcher de la vérité.

XV.

Les deux problèmes dont on vient de tracer
l'histoire chez les anciens n'ont pas moins occupé les modernes. Plusieurs de ces derniers
se sont en effet exercés à en trouver de nouvelles solutions, dans le goût de celles qu'on
vient de voir, c'est-à-dire dont les unes con-
sistent dans quelque mécanisme commode et
facile, les autres dans l'emploi de quelque
courbe particulière. *Viète* en a proposé quelques-unes de la première espèce [c], et après lui

---

[c] *Suppl. Geom. Variorum de rebus math. respons.*,
l. 8, c. 5, *Opera*, p. 240

Huygens en a donné un assez grand nombre dans un ouvrage qu'il publia, fort jeune (en 1654) [a]. *Viviani* a construit ces problèmes de diverses manières élégantes et nouvelles, dans plusieurs ouvrages [b]. Le P. *Griemberger* a imaginé quelques courbes particulières pour servir à la résolution du problème des deux moyennes proportionnelles [c], en quoi il a été imité par *Renaldini* [d] et *Barrow* [e]. Comme la plupart de ces inventions, quoique belles et ingénieuses dans la théorie, n'ont pas une utilité bien marquée, ou me conduiraient trop loin si j'entreprenais de les expliquer, je me contenterai de les avoir citées, afin de passer à ce que mon sujet me présente de plus intéressant.

Le P. *Ceva* a proposé un compas de trisection [f], qui est fondé sur ceci. Soit l'angle BAD (*fig.* 35), et que les côtés AB, AD, BC, DC, de

---

[a] *Illustrium quorumd. problem. constructiones, Opera varia*, p. 388.

[b] *Divin. in Aristæum, Solutio, probl. D. Comiers.*

[c] *Templi Salom. descriptio Thomæ Villalpandi.*

[d] *De resol. et comp. Mathem.*, t. III.

[e] *Lectiones Geom.*, p. 131.

[f] *Act. Erud.*, ann. 1695, p. 290.

même que CF, CE, soient tous égaux entre eux,
l'angle FCE sera triple de BAD, et si l'on con-
tinuait cette progression de lignes égales, on
aurait des angles quintuples, sextuples du premier : ainsi la construction de ce compas consiste en deux longues branches FA, AE mobiles, auxquelles sont attachés, par des char-
nières, les petits côtés BC, DC, assemblés aussi
au point C, par une charnière commune aux
côtés CE, CF, dont les extrémités E et F
peuvent glisser en même temps sur les règles
AB et AD. Dans le même recueil, on a reven-
diqué pour *Tchirnausen,* un instrument semblable au précédent.

XVI.

Quoique les anciens paraissent avoir résolu
ces deux problèmes autant qu'ils peuvent l'être,
puisque, ne pouvant les construire que par
des courbes d'un genre supérieur au cercle,
ils y ont employé les sections coniques, la
conchoïde, etc., de diverses manières très
ingénieuses, cependant on peut dire que ce
n'est qu'à l'Analyse moderne qu'est due leur
solution complète. Ce sont en effet seulement
les lumières qu'elle nous fournit, qui nous
mettent en état de faire voir qu'ils sont d'une

nature à ne pouvoir être généralement résolus par la Géométrie élémentaire, ce qui était un point nécessaire à démontrer avant de cesser ses efforts pour y parvenir par cette voie ; mais l'analyse moderne lève tout doute à cet égard. D'ailleurs, ce que les anciens ont donné sur ce sujet, comparé aux inventions des géomètres du dernier siècle, n'est qu'un faible jour à côté d'une grande lumière. Nous sommes aujourd'hui en possession d'une méthode par laquelle on peut trouver d'une infinité de manières la solution de ces problèmes, et de tous les autres de même espèce.

Avant que d'aller plus loin, il est essentiel de démontrer ce que nous avons annoncé dans tant d'endroits, je veux dire l'impossibilité de construire généralement ces problèmes, sans employer de courbe plus composée que le cercle. Je vais donc tâcher de le faire avec toute la clarté dont un pareil sujet est susceptible, afin que personne ne soit plus tenté d'en rechercher la solution par des voies qui ne sauraient y conduire.

Cette impossibilité est fondée sur la théorie des équations et la nature des courbes géométriques; ainsi je suis obligé d'en rappeler quelques points en faveur de ceux à qui elles ne seraient pas assez présentes. Le premier est que, dans toute équation, la quantité inconnue doit être représentée par autant de valeurs différentes qu'il y a d'unités dans l'exposant de sa plus haute puissance : à la vérité, il peut arriver que quelques-unes de ces valeurs soient imaginaires; mais on examinera ce cas, et on fera voir qu'il ne nuit point aux conséquences qu'on tire dans les autres.

Le second principe est qu'une équation ne se peut construire géométriquement, c'est-à-dire par un procédé certain et qui n'est sujet à aucun tâtonnement, qu'à l'aide de deux lignes qui se puissent couper en autant de points que le degré de l'équation comprend d'unités ; en voici la raison. Construire une équation, c'est assigner par une opération générale la valeur de l'inconnue qu'elle renferme; conséquemment lorsque cette inconnue aura plusieurs valeurs, il faudra une construction capable de les exprimer toutes également; car cette construction ne se rapporte pas plutôt à l'une qu'à l'autre, puisque les données sont les mêmes à leur égard, et que ce sont les données seules qui peuvent modifier la construction. Il faut donc que les lignes dont l'intersection doit résoudre le problème, puissent s'entrecouper en

autant de points qu'il admet de solutions différentes.

Ce qu'on vient de dire est d'une évidence
suffisante, lorsque l'équation proposée a toutes
ses racines réelles; mais peut-être ne trou-
vera-t-on pas la chose aussi claire dans le cas
où l'équation aura des racines imaginaires.
Comme il y a alors quelques valeurs de moins
à déterminer, il semblera qu'il n'est pas nécessaire d'employer des courbes capables de se
couper en autant de points que s'il n'y avait
aucune racine impossible.

Ce doute n'est pas destitué de fondement; il
se dissipera néanmoins quand on connaîtra
quelle est la nature et l'emploi des valeurs imaginaires dans les équations : ces valeurs ne deviennent telles, que parce que certaines données du problème, croissant ou diminuant
selon les circonstances, de réelles et inégales
qu'elles étaient d'abord, sont devenues égales,
deux points d'intersections se confondant ensemble, et formant un point de contact; et
qu'enfin ce point de contact disparaît lui-même,
l'une des courbes ne touchant ni ne coupant
plus l'autre dans cet endroit, de sorte qu'il n'y
a plus d'ordonnée. Cela montre que ces racines
imaginaires sont tout autre chose qu'un *merum*

nihil, et qu'elles ont une sorte d'existence, en ce qu'elles désignent des intersections que des limitations particulières ont rendues impossibles : toutes les fois donc qu'il y en aura de cette espèce dans une équation, il n'en faudra pas moins des courbes qui puissent s'entrecouper en autant de points que si toutes les racines étaient réelles, afin que toutes les intersections qui auront lieu exprimant ces dernières, celles qui viennent à manquer désignent les imaginaires.

Après l'exposition de ces principes, il est aisé de montrer qu'il est impossible de construire généralement les problèmes de la trisection de l'angle et des deux moyennes proportionnelles, par des lignes simples, comme la droite et la circulaire. Il est en effet visible que l'équation qui convient au premier est nécessairement du troisième degré, puisque c'est le cube de la ligne cherchée, qui égale un parallélépipède donné, et cette équation, qui est $x^3 = a^2b$ (a et b désignant les deux extrêmes), sera toujours irréductible, à moins que b ne soit un tel multiple de a, que le nombre qui exprime ce multiple soit un cube parfait, parce qu'alors l'extraction de la racine cubique réussira.

A l'égard du second problème, il est pareillement nécessaire qu'il soit du troisième degré; et nous allons en convaincre par les remarques suivantes. Quand on propose de partager un arc AE (*fig.* 36) en trois également, c'est la même question que si l'on demandait d'inscrire dans un segment dont AE est la corde, un quadrilatère tel que ABCD, dont les trois côtés AB, BD, DE soient égaux. Or ce problème est de telle nature qu'il est susceptible de trois cas qui conduisent absolument à la même équation; car toutes les données et la manière de les employer sont les mêmes dans chacun de ces cas. En effet, on voit d'abord que la même corde AE répond à deux arcs différens, l'un moindre que la demi-circonférence, et l'autre plus grand; le premier est représenté dans la figure 36, et le second dans la figure 37. Ce n'est pas tout : $\alpha\varepsilon$ (*fig.* 38) étant la corde donnée, on peut, en partant du point α, et passant sur le point ε pour revenir à ce dernier, trouver trois arcs égaux $\alpha\varepsilon$, $\zeta\delta$ et $\delta\alpha\varepsilon$. La somme de ces arcs est évidemment égale à la circonférence entière augmentée de l'arc donné $\alpha\varepsilon$; leurs cordes $\alpha\zeta$, $\zeta\delta$, $\delta\varepsilon$ étant égales, formeront encore avec la corde $\alpha\varepsilon$, une sorte de quadrilatère $\alpha\zeta\delta\varepsilon$ ayant trois côtés égaux. En

mettant successivement en équation chacun
de ces trois cas du problème, on doit aboutir
à la même expression. Comme je ne connais
aucun livre qui démontre cette vérité, je crois
qu'il est à propos de le faire ici avec quelque
détail, afin de ne laisser aucun doute à ce sujet.
Je pourrais sans doute m'en dispenser, si je
n'écrivais que pour les géomètres habiles; mais
il est des endroits dans cet ouvrage qui sont
particulièrement destinés à l'instruction des
plus médiocres.

Dans le premier cas (*fig.* 56), les triangles
ABC, BAF sont semblables, puisque l'angle B
est commun, et que l'angle C a pour mesure
l'arc AB, tiers de ABE, tandis que l'angle A est
appuyé sur les deux tiers du même arc, et a
son sommet à la circonférence; ainsi CA : AB
:: AB : BF. Ayant donc fait le rayon AC$=r$,
AE$=b$, et AF ou AB$=x$, nous aurons...

$r : x :: x : \dfrac{x^2}{r} =$ BF; ensuite tirant DL parallèle à BC, on aura CD : DB :: DG ou BF : LG,
à cause des triangles semblables CDB, DLG;
c'est pourquoi $r : x :: \dfrac{x^2}{r} : \dfrac{x^3}{r^2} =$ LG ; or....

AE$=$AF$+$LF$+$EL$=$AB$+$DB$+$EG$-$LG,

d'où l'on tire $b = 3x - \dfrac{x^3}{r^2}$, ce qui donne l'é-

quation $x^3 - 3r^2x + r^2b = 0$.

Qu'il s'agisse à présent d'inscrire un pareil quadrilatère dans le grand segment $abde$ (*fig.* 37);
on aura de même les triangles semblables abc,
baf, de sorte que $\dfrac{x^2}{r}$ sera encore ici la valeur

de bf; de plus, en tirant dl parallèle à bf, on
aura les triangles cdb, dlg équiangles; ce qui

donnera $cd : db :: dg : lg$, ou $r : x :: \dfrac{x^2}{r} : \dfrac{x^3}{r^2}$;

ainsi $lg = \dfrac{x^3}{r^2}$; enfin, $ae = af + fl - el = af$

$+ fl - lg + eg$, c'est-à-dire $b = 2x - \dfrac{x^3}{r^2} + x$,

d'où il résultera, comme ci-dessus,

$$x^3 - 3r^2x + r^2b = 0.$$

Le troisième cas nous fournira la même
équation, par une analyse tout-à-fait semblable,
pourvu que nous fassions ici attention que la
ligne AF (*fig.* 36) ou af (*fig.* 37), ayant été
nommée x quand elle tombait au-dedans du
cercle, on devra la nommer $-x$ lorsqu'il faudra la prendre au dehors, vers le côté opposé;
or c'est ce qui arrive dans la figure 38, quand
on prolonge les droites $a\varepsilon$ et $6\varkappa$ jusqu'à ce
qu'elles se rencontrent en φ. Après cette ob-

servation dont la nécessité est évidente pour
tous ceux qui sont un peu versés dans l'ana-
lyse, on remarquera que les triangles $\alpha\varepsilon x$, $6\alpha\varphi$
sont semblables, comme l'étaient leurs ana-
logues dans les figures précédentes ; ainsi...

$r : -x :: -x : \dfrac{x^2}{r}$, qui est la valeur de 6φ; et

ayant tiré, comme on a fait ci-devant, $\delta\lambda$ parallèle à 6φ, on aura $\varphi\lambda = 6\delta = 6\alpha = -x$;
par conséquent $\alpha\lambda$ sera $-2x$: de plus, pro-
longeant $\alpha\varepsilon$ et $\delta\varepsilon$ jusqu'à ce qu'elles se rencontrent, on formera les triangles semblables et
égaux $\gamma\varepsilon\delta$, $\varepsilon6\varphi$ qui donneront $\gamma\varepsilon = \alpha\varphi = -x$;
enfin à cause des triangles semblables $x\delta6$,
$\delta\lambda\gamma$, on aura $6x : \varepsilon\delta :: \delta\lambda$ ou $6\varphi : \gamma\lambda$, c'est-
à-dire, $r : -x :: \dfrac{x^2}{r} : -\dfrac{x^3}{r^2} = \gamma\lambda$; mais.....

$\alpha\varepsilon = \gamma\lambda - \gamma\varepsilon - \alpha\lambda$, ou $b = -\dfrac{x^3}{r^2} + 3x$, d'où

nous déduirons, pour la troisième fois,....
$x^3 - 3r^2x + r^2b = 0$.

Si l'on proposait d'inscrire un semblable quadrilatère dans le petit segment, la réponse serait aisée. Il est visible, du premier coup d'œil,
que cela est impossible, à moins que ce quadrilatère ne soit confondu avec AE (*fig. 36*), ou
supposé en être infiniment voisin, ce qui donnerait, par la plus simple analyse, $x = b$; ainsi

ce dernier cas ne conduit point à la même équation que les précédens; et, par cette raison, l'équation qui convient au problème de la trisection de l'angle est du troisième degré et ne le passe pas.

Qu'on se rappelle maintenant les principes qu'on a établis plus haut; il est aisé d'en faire l'application aux problèmes dont nous venons d'examiner la nature. Puisque nous avons démontré qu'ils conduisent nécessairement à des équations du troisième degré, il est évident qu'on ne peut les construire en n'y employant que des courbes capables de donner moins de trois points d'intersection. Ceux qui tâchent de combiner des cercles et des lignes droites pour parvenir à cette solution, perdent infructueusement leur temps et leurs veilles.

On peut donner à cette démonstration un tour qui la rendra encore plus propre à convaincre l'esprit, de l'impossibilité de ce qui est demandé. Supposons que quelque voie particulière eût conduit à construire généralement le problème de la trisection de l'angle par la seule Géométrie élémentaire; comme il est d'ailleurs démontré qu'il dépend d'une équation irréductible où la corde cherchée a trois valeurs inégales, on aurait la construction de

cette équation, et par conséquent la même
opération résoudrait de la même manière trois
problèmes dont les solutions doivent être différentes. La Géométrie serait donc ici en défaut, ce qui est absurde ; une science fondée
sur des raisonnemens dont la liaison est évidente et sur des principes certains, ne saurait
jamais conduire à l'erreur.

On objectera peut-être qu'il ne laisse pas que
d'y avoir des cas où l'on réussit par la Géométrie
élémentaire, à diviser un arc en trois parties
égales ; tels sont ceux où l'on propose le cercle
entier ou quelqu'une de ses parties aliquotes
pairement paires. Cette observation, quoique
vraie, ne détruit cependant pas ce que nous venons de dire ; il y a en effet quelques cas parti-
culiers où la corde b a une telle valeur que
l'équation peut être abaissée en la divisant par
une de ses racines ; mais cette équation considérée généralement n'en est pas moins irréductible. C'est ainsi que la racine de la formule
$a^2 - x^2$ ne peut être exprimée en termes finis,
quoiqu'il soit possible quelquefois d'en extraire la racine exactement, lorsque a et x ont
des valeurs tellement combinées qu'elle représente un quarré parfait.

XVII.

Descartes a donné le premier des règles générales pour construire les équations solides
par une combinaison du cercle et des sections
coniques [a], et il les a appliquées à la résolution des problèmes des deux moyennes proportionnelles et de la trisection de l'angle : la
manière dont il procède est très simple et mérite d'avoir place ici. Dans le cas des moyennes
proportionnelles, les extrêmes étant a et b, il
décrit une parabole ayant a pour paramètre, et
prend sur l'axe une abscisse AC (*fig.* 39) égale
à $\frac{1}{2} a$, après quoi il élève une perpendiculaire
CD égale à $\frac{1}{2} b$; le cercle décrit du point D
comme centre, et passant par le sommet de la
parabole, la coupe dans un autre point F, dont
l'ordonnée EF est la première des moyennes
cherchées, et l'abscisse AE qui lui répond est
la seconde.

S'il s'agit de diviser un arc en trois également, que r soit le rayon, b la corde de l'arc
proposé, *Descartes* trace une parabole ayant r
pour paramètre; puis prenant sur l'axe une
abscisse Ac égale à $2r$, il élève la perpen-

---

[a] *Geom.*, lib. 3.

diculaire *cd* égale à $\frac{1}{2}b$; le cercle décrit du point *d* comme centre, et passant par le sommet de la parabole, la coupe en trois autres points G, *g*, γ, dont les trois ordonnées sont les trois valeurs de la corde cherchée, savoir: GK la plus petite, la corde du tiers du petit arc; *gk* la moyenne, celle de ce qui reste du cercle entier; et enfin γϰ la plus grande, qui égale les deux autres prises ensemble, est celle du tiers de la circonférence, augmentée du petit arc.

Les géomètres qui ont succédé à *Descartes*, marchant sur ses traces, ont beaucoup ajouté a ses inventions. *Sluse* est un des principaux : on lui doit d'avoir fait connaître le véritable principe de la construction des équations par les lieux géométriques, et d'avoir enseigné à les varier de plusieurs manières, en employant telle courbe qu'on voudra, combinée avec telle autre. C'est là l'objet du savant ouvrage qu'il publia en 1654, où il résout le problème de la duplication du cube d'une infinité de façons [a] : cet ouvrage était écrit suivant le style des anciens géomètres; et, à-leur imitation,

---

[a] *Mesolabum, seu duæ mediæ proportionales inter extremas datas per circulum et per infinitas hyperbolas vel ellipses et per quam libet exhibitæ. Leodii,* 1654.

son auteur cachait la méthode qui l'avait conduit aux découvertes qu'il y exposait; il la dévoila seulement en 1668, suivant la promesse qu'il en avait donnée dans la préface du traité dont on vient de parler [a]. Je me livrerais volontiers à expliquer cette méthode, si je ne craignais d'être trop long; je me contenterai de renvoyer aux auteurs sans nombre qui l'ont expliquée. *Wolf* surtout l'a exposée avec beaucoup de précision et de netteté dans son cours de Mathématiques [b]; il serait à désirer, et pour l'avantage de ceux qui cherchent à s'initier dans ces sciences, et pour la réputation de son auteur, que toutes les parties de ce cours répondissent à celle-là.

XVIII.

Je ne puis mieux terminer le récit des travaux des géomètres sur les deux célèbres problèmes qui nous ont occupé dans ce chapitre, qu'en exposant quelques-unes des belles solutions que *Newton* en a données [c]. J'ai déjà

---

[a] *Mesolabum und cum adjunctis Miscel.*

[b] *Elem. Matheseos*, t. I, *analys.*, chap. 7 et 8.

[c] *Arith. univers. appendix de constructione equationum.*

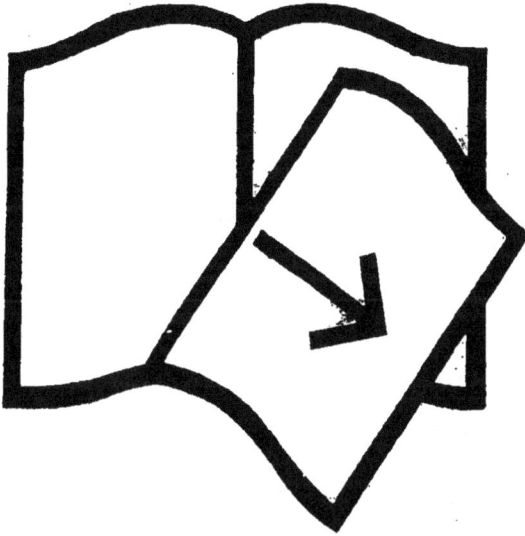

Il manque les pages 262-263.

Documents manquants (pages, cahiers…)
NF Z 43-120-13

Exemplaire incomplet numérisé en l'état.

qu'elles méritaient, et ne nous sont pas parvenues. Depuis le renouvellement des sciences parmi nous, les fausses duplications du cube ou trisections de l'angle sont presque aussi communes que les prétendues quadratures du cercle; et même rien n'est plus ordinaire que de voir ceux qui se vantent d'être en possession du dernier problème, annoncer en même temps les deux autres. *Oronce Finée, Joseph Scaliger, Delaleu, Clerget, Liger*, etc., en sont des exemples. Je pourrais aisément former un article assez étendu de leurs malheureuses tentatives; mais les mêmes raisons qui m'ont fait terminer le chapitre précédent, malgré l'abondante matière qui se présentait encore pour le grossir, me font mettre fin à celui-ci. S'il est certaines erreurs qui méritent l'attention des philosophes, il n'en est assurément pas ainsi de celles de ces pygmées en Géométrie : elles ne sont dignes que de l'oubli qui les dérobe à la connaissance des géomètres.

FIN.

ADDITIONS.

ADDITION *à la page* 38.

Si l'on décrit sur une ligne AB (*fig.* 42), comme diamètre, une demi-circonférence ACB; que l'on élève, par le centre D, la perpendiculaire DC; que l'on tire ensuite la corde AC, et que, sur cette corde, on décrive la demi-circonférence AEC, l'espace AECFA, appelé *lunule*, sera équivalent au triangle rectangle ADC.

En effet, les aires des demi-cercles ACB et AEC, étant entre elles comme les quarrés de leurs diamètres AB et AC, seront entre elles comme 1 est à 2, puisque AC est le côté du quarré inscrit dans le cercle dont AB est le diamètre. Il résulte de là que le demi-cercle AEC est égal au quart de cercle ACD, moitié du demi-cercle ACB. Mais si l'on retranche en même temps du demi-cercle AEC et du quart de cercle ACD, le segment AFC, il restera d'une part la lunule AECFA, et de l'autre le triangle rectangle ADC, qui seront par conséquent équivalens.

Ce qui précède est la traduction d'un passage de Simplicius. (Voyez *Simplicii philosophi perspicassimi, clarissima commentaria in octo libros Aristotelis de physico-auditu nuper quam emendatissimis exemplaribus, etc.* Venetiis, 1566, page 17.) Cet auteur parle d'après l'histoire de la Géométrie écrite par Eudemus, qui n'est point parvenue jusqu'à nous; et il est le seul qui nous ait transmis la découverte d'Hippocrate de Chio. Le paragraphe V de Montucla est aussi un extrait de Simplicius.

Avec le temps, la proposition précédente a changé de forme. Bornée d'abord, dans la paraphrase de Maurolycus sur Archimède (page 36), dans Tartaglia (*Dei numeri et delle misure*, t. III, fol. 16), dans Wallis (*Opera*, t. Ier, p. 133), comme dans Simplicius, à la lunule décrite sur le quart de cercle, on l'a étendue à deux lunules inégales, mais embrassant la demi-circonférence, comme on va le voir. Soit ACB (*fig.* 43) un triangle rectangle quelconque inscrit dans le demi-cercle AFGB, et que sur les côtés AC et BC, on ait décrit les demi-cercles AEC, CHB, la somme des lunules AECFA, CHBGC, sera équivalente au triangle ACB; car le demi-cercle AFGB, ayant pour diamètre l'hypoténuse du triangle rectangle, est égal à la somme des demi-cercles AEC, CHB, construits sur les côtés de ce triangle : si donc on retranche de part et d'autre les segmens AFC, CGB, il restera d'un côté les lunules AECFA, CHBGC, et de l'autre le triangle rectangle ACB, qui sera équivalent à leur somme; mais on ne peut pas assigner dans ce triangle l'espace qui répond à chaque lunule en particulier, lorsqu'elles sont inégales.

Cramer, dans le mémoire cité en note à la page 43, présente la proposition primitive sous une forme assez remarquable. Ayant décrit le cerle entier ACBE (*fig.* 44), il construit le quarré inscrit dans ce cercle, et décrit sur chacun de ses côtés comme diamètre, un demi-cercle. Il forme ainsi quatre lunules F, G, H, I, équivalentes aux quatre triangles dans lesquels le quarré inscrit est partagé par ses diagonales AB et CE ; les quatre lunules prises ensemble sont donc équivalentes à ce quarré. (*Mém. de l'Acad. de Berlin*, 1748, p. 485.)

C'est dans le même lieu de son ouvrage que Simplicius parle des quadratures absolues proposées par Hippocrate de Chio et par Antiphon. Il regarde celle-ci comme fausse ; mais il pourrait l'avoir mal comprise, ainsi que l'a remarqué Montucla (p. 44). Quant à Hippocrate, il a été jugé irrévocablement, savoir, par Aristote. *Ethic. ad Eudemum*, lib. 7, c. 14 ; *De sophist. elench.*, lib. 1, c. 10 ; *Archimed. Opera, de sphæra et cylindro*, lib. 2.

En raisonnant sur la difficulté de la quadrature du cercle, Simplicius rapporte des considérations assez singulières, d'après lesquelles son précepteur Ammonius prétendait prouver l'impossibilité de comparer le cercle avec une ligne droite. Ces considérations sont peut-être la source de l'opinion singulière que Montucla attribue à Viète (p. 54), et que Descartes partageait (p. 27, en note). Voici le passage :

Cùm hæ magnitudines, recta et circumferentia, sint genere dissimiles, et nil mirum ait (Ammonius), si non inveniatur rectilinea figura circulo æqualis : si quidem etiam in ipsis angulis hoc etiam invenimus. Nam neque angulo semi circuli, neque ei, qui reliquus est ad rectum, qui instar cornu est, angulus rectilineus æqualis invenietur; idcirco, inquit, forsitan hoc theorema à tam inclytis viris quæsitum hactenus inveniri non potuit, neque ab ipso Archimede. (Simplicius,. p. 19.)

Suivent encore d'autres raisons fort singulières; mais, pour nous en tenir au passage rapporté ci-dessus, on voit qu'Ammonius prenait pour une objection très forte, l'impossibilité de trouver aucun rapport entre *l'angle de contingence* et *l'angle rectiligne;* car ce qu'il appelle l'angle du demi-cercle, est l'angle mixti-ligne représenté par BAC (*fig.* 45), tandis que DAC, le reste de l'angle droit DAB, après qu'on en a re-tranché BAC, est l'angle en forme de *corne.* Ce dernier est précisément *l'angle de contingence,* sur lequel on a élevé une longue dispute qui ne consistait que dans les mots. Tous les géomètres s'accordent à recon-naître que, puisqu'aucune ligne droite ne saurait pas-ser entre le cercle et sa tangente dans le voisinage du point de contact, on doit dire que l'angle de con-tingence est moindre que tout angle rectiligne, si l'on n'entend par le mot *angle* que l'inclinaison de la courbe par rapport à sa tangente, dans le même lieu; mais il n'en est plus ainsi dès qu'on s'écarte de plus en plus du point de contact. Cependant cette circons-tance ne paraît contenir en elle-même aucune incom-patibilité avec l'évaluation rigoureuse des arcs de courbes, puisqu'elle n'a pas moins lieu dans les courbes rectifiables que dans toutes les autres. (Voyez *Vietæ Opera,* p. 386, et *Wallis Opera,* t. 2, p. 605.)

Nous reviendrons sur ce sujet dans l'ADDITION à la page 110.

ADDITION *à la page* 58.

Montucla passe immédiatement de l'approximation donnée par Archimède à celle que Métius a trouvée ; mais il y a eu, dans l'intervalle, quelques déterminations qu'il peut être convenable de rappeler. Dès qu'on s'est occupé de calculer des tables trigonométriques, on est tombé sur des cordes, des sinus, des tangentes appartenant à de petits arcs auxquels sont sensiblement égales ces lignes, qui peuvent être considérées comme appartenant aussi à des polygones d'un grand nombre de côtés. C'est ainsi que, dans le second siècle de notre ère, l'astronome Ptolémée (*Almageste*, liv. 1ᵉʳ, ch. 9) entreprit de calculer une table des cordes ; il détermina celle de l'arc de $\frac{3}{4}$ de degré, qu'il trouva égale à $\frac{47}{3600} + \frac{8}{216000}$ du rayon, ce qui revient à $\frac{2828}{216000}$.

En multipliant ce nombre par 240, qui marque combien de fois l'arc proposé est contenu dans la demi-circonférence, on trouvera le rapport de 225 à 707, ce qui revient à celui de 1 à 3,1422, un peu plus exact que celui de 7 à 22 équivalent à 3,1428. La valeur assignée par Ptolémée à la corde de l'arc de $\frac{3}{4}$ de degré, revenant à 0,0130926, n'est pas fort exacte ; rigoureusement calculée, elle est de 0,0130898, et en la multipliant par 240, on trouve 3,141552, résultat vrai jusqu'à la 4ᵉ décimale. Mais cette détermination n'était pas le but de l'astronome, qui ne poussait ses calculs que jusqu'où l'exigeait l'exactitude des observations, fort imparfaites alors.

L'astronomie indienne nous fournit aussi le rapport de 1250 à 3927, qui revient à 1 : 3,1416, et ne diffère de 1 : 3,14159 que d'un 100000ᵉ d'unité : il est par conséquent beaucoup plus précis que celui d'Archimède. On le trouve à la page 217 du tome II de la traduction anglaise de l'*Ayeen-Akbery,* par Gladwin, édition de 1800. Si l'on s'en rapportait aux idées des partisans de la haute antiquité des sciences dans l'Inde, il faudrait le regarder comme bien antérieur, non pas seulement à celui de Ptolémée, mais à celui d'Archimède.

Lorsqu'au renouvellement des sciences, dans le quinzième siècle, on sentit la nécessité de tables trigonométriques très étendues, Rhéticus, astronome allemand, calcula, vers 1474, des tables de sinus et de cosinus de dix en dix secondes, et pour un rayon de 1 00000 00000 00000, ce qui répond à 15 décimales. Si l'on compare le sinus d'un très petit arc à la tangente correspondante, et qu'on se borne aux chiffres qui sont communs aux deux nombres, ces mêmes chiffres appartiennent à l'arc. Si l'on part du sinus de 10″ égal à 4 84813 68092, et qu'on le multiplie par 64800, nombre de fois que l'arc de 10″ est contenu dans 180°, on trouve 3,14159 26523 61600, qui est exact jusqu'à la 8ᵉ décimale. Il ne paraît pas que Rhéticus ait tiré cette conséquence de ses tables ; on sait seulement que Purbach supposait le rapport du diamètre à la circonférence égal à celui de 120 à 377, peu différent de 1 à 3,1416 (Delambre, *Hist. de l'Astr. du moyen âge,* p. 282). Il faut observer d'ailleurs que les tables de Rhéticus n'ont été publiées qu'en 1613, d'après les corrections faites dans le seizième siècle par Pitiscus, sous le titre de *Thesaurus Mathematicus, sive canon sinuum ad radium* 1 00000 00000 00000, *et ad dena quæque scrupula secunda quadrantis*. Francofurti, 1613.

Suffisant pour la pratique, dans beaucoup de cas, le rapport trouvé par Archimède paraît avoir été très employé par les anciens, qui l'ont appliqué à la mesure des corps ronds. Dans le second volume du *Voyage pittoresque de la Grèce*, par Choiseul-Gouffier, il est parlé d'une inscription grecque trouvée dans les ruines de Pergame, qui contient les rapports du cube au cylindre et à la sphère inscrits, savoir, les nombres 42, 33, 22. Delambre, consulté par Choiseul-Gouffier, paraît étonné de ces résultats, qui néanmoins se présentent tout de suite, au moyen du rapport 7 à 22, donné par Archimède. En effet, en prenant pour unité le rayon du cercle, les volumes des trois corps proposés sont exprimés respectivement par 8, $2.\dfrac{22}{7}$, $\dfrac{4}{3}.\dfrac{22}{7}$, ou par 2, $\dfrac{11}{7}$, $\dfrac{22}{7.3}$, ou enfin par 42, 33, 22.

Les surfaces sont : 24, $4.\dfrac{22}{7} + 2.\dfrac{22}{7}$, $4.\dfrac{22}{7}$, ou 6, $\dfrac{22}{7} + \dfrac{11}{7}$, $\dfrac{22}{7}$, encore 42, 33, 22.

Dans la surface du cylindre sont comprises ses deux bases. Cette remarque est attribuée à un nommé *Nikon*, inconnu jusqu'à la découverte de l'inscription, que M. Ideler a corrigée. (*Correspondance astronomique de M. de Zach*, t. XIII, p. 375, ann. 1825.)

Addition *à la page* 77.

On peut varier beaucoup les constructions du genre
de celles qui sont indiquées à l'endroit cité, comme
on le voit dans les *Institutiones geometriæ subli-*
mioris de M. Krafft; mais la construction trouvée
par Kochansky, due peut-être à un pur hasard, est
remarquable par son exactitude autant que par sa simplicité, et suffit bien à la pratique; cependant, comme
elle n'offre qu'une approximation limitée, elle ne satisfait pas autant l'esprit qu'un procédé susceptible, au
moins intellectuellement, d'une approximation indéfinie. C'est le caractère qu'offre le suivant, tiré des
OEuvres posthumes de Descartes (*voyez* p. 442 du
tome XI de l'édition donnée par M. Cousin).

« Pour quarrer le cercle, dit-il, je ne trouve rien de
« meilleur que d'ajouter au quarré donné *bf* (*fig.* 46),
« le rectangle *cg* compris entre les lignes *ac*, *cb*,
« et égal à la quatrième partie du quarré *bf*; puis le
« rectangle *dh*, compris entre les lignes *da*, *dc*, et
« égal à la quatrième partie du rectangle précédent;
« puis de la même manière le rectangle *ei*, et ainsi de
« suite à l'infini. . . . . . . rectangles qui tous, pris en-
« semble, équivaudront au tiers du quarré *bf*. . . . . .
« *ac* est le diamètre du cercle inscrit dans l'octogone
« isopérimètre au quarré *bf*; *ad*, le diamètre du cercle
« inscrit dans le polygone régulier de seize côtés, iso-
« périmètre au même carré *bf*; *ae* le diamètre du
« cercle inscrit dans le polygone de 32 côtés, et

« ainsi à l'infini. » Cette construction donne une suite infinie d'approximations pour le rayon du cercle dont la circonférence est égale au périmètre du quarré bf.

On voit d'abord que si l'on fait $ab = 1$, tous les rectangles formeront la progression par quotient (ou géométrique)

$$\frac{1}{4} + \frac{1}{16} + \frac{1}{64} + \text{etc.} = \frac{1}{4}\left\{1 + \frac{1}{4} + \frac{1}{16} + \text{etc.}\right\} = \frac{1}{3}.$$

Pour construire le rectangle cg égal au quart du quarré bf, il suffit d'observer que ce rectangle ayant l'un des angles de sa base supérieure sur la diagonale ak, il en résulte que $bg = ac = ab + bc$, d'où $bc = bg - ab$, et par conséquent

$$\overline{bg} \times \overline{bc} = bg\,(bg - ab) = \tfrac{1}{4}\,bf = (\tfrac{1}{2}ab)^2.$$

En effet, si l'on prend sur les côtés de l'angle droit baf, les distances $a\mathrm{B}$ et $a\mathrm{C}$ égales à $\frac{1}{2}ab$, que du point C comme centre avec le rayon $\mathrm{C}a$, on décrive le cercle DaG, et que l'on tire BG, on aura

$$\overline{\mathrm{BG}} \times \overline{\mathrm{BD}} = \overline{a\mathrm{B}}^2, \quad \text{ou} \quad \mathrm{BG}\,(\mathrm{BG} - \mathrm{DG}) = (\tfrac{1}{2}ab)^2 ;$$

or $\mathrm{DG} = ab$: donc $\mathrm{BG} = bg$, et sera la hauteur du rectangle cherché, ou la distance ac.

Pour le second rectangle, $dh = \frac{1}{4}cg = \frac{1}{16}bf = (\tfrac{1}{4}ab)^2$, on a $ch = ad = ac + cd = bg + cd$, d'où $\overline{dh} = \overline{ch} \times \overline{cd}$ $= ch\,(ch - bg) = (\tfrac{1}{4}ab)^2$; la dernière égalité se construira en prenant $a\mathrm{B}' = \frac{1}{4}ab$, $a\mathrm{C}' = \frac{1}{2}bg$, et B'G' sera la hauteur ch.

En général, si z désigne la hauteur d'un rectangle

quelconque de cette opération, z' la hauteur du suivant, et que c^2 soit le côté du quarré équivalent à ce dernier, on aura

$$z'(z'-z)=c^2, \quad \text{ou} \quad z'=\tfrac{1}{2}z+\sqrt{\tfrac{1}{4}z^2+c^2}.$$

Je ne m'arrêterai pas ici à démontrer comment cette expression satisfait à la question proposée, parce qu'elle va se présenter d'une manière très simple, par le procédé qu'a donné M. Schwab pour obtenir le rapport approché de la circonférence au diamètre. (*Voy.* ses *Élémens de Géométrie*, p. 104.)

Au lieu de supposer le diamètre connu, et de chercher la circonférence, comme Archimède, ou l'aire, comme Gregory, M. Schwab détermine tant le rayon du cercle circonscrit que celui du cercle inscrit à une suite de polygones réguliers du même périmètre, mais dont le nombre des côtés va toujours en doublant; et il trouve, entre ces rayons, deux relations très remarquables. AB (*fig.* 47) étant le demi-côté d'un polygone régulier quelconque, O son centre, OA sera le rayon du cercle inscrit, OB celui du cercle circonscrit, dont l'arc BC fait partie. Si l'on tire ensuite CB, puis, du point O, OD perpendiculaire sur CB, enfin DE perpendiculaire sur AC, l'angle ACB et la droite ED étant respectivement les moitiés de l'angle AOB et de la droite AB, ED sera le demi-côté du polygone qui en contiendra le double de celui auquel appartient AB, et qui aura le même périmètre. Cela posé, si l'on désigne par r et r' les rayons AO et CE des cercles inscrits à ces polygones, par R et R' les rayons

OB et CD des cercles circonscrits, 1°. comme

$$CE = \tfrac{1}{2}AC = \tfrac{1}{2}(AO + OC) = \tfrac{1}{2}(AO + OB),$$

on a
$$r' = \frac{r + R}{2};$$

2°. le triangle rectangle ODC donnant. . . . .
$\overline{CD}^2 = \overline{OC} \times \overline{CE}$, il s'ensuit que $R' = \sqrt{Rr'}$.

En mettant dans l'expression de r' la valeur de
$R = \sqrt{\overline{AO}^2 + \overline{AB}^2} = \sqrt{r^2 + c^2}$, dans laquelle c représente le demi-côté AB, on obtiendra

$$r' = \tfrac{1}{2}\left(r + \sqrt{r^2 + c^2}\right).$$

Écrivant $\tfrac{1}{2}z$ et $\tfrac{1}{2}z'$ au lieu de r et de r', on aura

$$z' = \tfrac{1}{2}z + \sqrt{\tfrac{1}{4}z^2 + c^2},$$

où z et z' représentent les diamètres, et ce qui s'accorde avec la formule tirée de la construction de Descartes.

M. Schwab applique d'abord ses formules à l'hexagone dont le côté est pris pour unité : dans ce cas, on a en premier lieu

$$r = \sqrt{1 - \tfrac{1}{4}} = \tfrac{1}{2}\sqrt{3}, \ R = 1,$$

et avec ces valeurs on obtient très aisément r' et R'.

Parvenu au polygone de 6144 côtés, M. Schwab trouve

$$r = 0,9549296, \ R = 0,9549297;$$

prenant alors r pour le rayon du cercle qui se confond avec le polygone dont le périmètre $= 6$, l'auteur obtient

$$x = \frac{C}{2r} = \frac{6}{2 \times 0,9549296} = 3,141592.$$

Dans le quarré choisi par Descartes, le côté $= 1$, $r = \frac{1}{2}$, $R = \frac{1}{2}\sqrt{2}$.

Je terminerai cette note par l'exposition du déroulement ingénieux de la circonférence, indiqué dans le tome II des anciens *Mémoires des Savans étrangers*, par Outhier (p. 233).

Ayant tiré deux droites AX, AY (*fig.* 48), perpendiculaires entre elles, et décrit le demi-cercle AMC, qu'on se propose de rectifier, on prendra, sur AX, les distances

$$AD = 2AC, \quad AE = 2AD, \quad AF = 2AE, \text{ etc. ;}$$

on élèvera Cc perpendiculaire sur AC, et terminée à la rencontre c de l'arc Ac décrit du point C comme centre, puis on tirera Dc qu'on prolongera jusqu'à la rencontre de l'arc Ad décrit du point D comme centre, et ainsi de suite. Il est d'abord évident que le quadrant Ac est de même longueur que la demi-circonférence AMC ; et l'on aperçoit sans peine qu'en doublant toujours le rayon des cercles, et formant des angles C, D, E, F, etc., dont chacun est la moitié de celui qui le précède, on obtient des arcs Ac, Ad, Ae, Af, etc. de même longueur, mais dont la courbure décroît sans cesse, et qui ont pour limite, sur la droite AY, une portion égale à la demi-circonférence AMC.

Les points C, c, d, e, f, etc. sont tous isolés ; mais il est évident qu'ils font partie d'une courbe continue formée par les extrémités des arcs de même longueur appartenant aux cercles passant par le point A, et décrits en prenant successivement pour centre tous les points de la ligne AX. On voit facilement que cette courbe est une sorte de spirale qui fait une infinité de révolutions autour du point A ; car les rayons étant pris de plus en plus petits, la longueur de l'arc AMC pourra embrasser tel nombre de circonférences qu'on voudra.

ADDITION *à la page* 110.

Les raisonnemens que notre auteur ajoute à ce qu'a dit Newton sur l'impossibilité de la quadrature du cercle, ne passent point encore pour une démonstration complète de cette impossibilité. L'inutilité constante des tentatives faites jusqu'ici par les plus habiles géomètres, dont toute la sagacité s'est montrée dans l'invention des moyens qu'ils ont créés pour attaquer la question, et dans le grand nombre de résultats approximatifs qu'ils ont obtenus ; cette inutilité, dis-je, établit une très grande probabilité que le problème n'est résoluble que par approximation.

Beaucoup d'autres difficultés du même genre ramènent à une semblable conclusion, et font regarder comme certain que, de même qu'il y a des quantités, dites *irrationnelles,* qui ne peuvent s'exprimer en termes finis, par des nombres, soit entiers, soit fractionnaires, il existe un autre genre de quantités qui ne peuvent s'exprimer par un nombre fini de termes non-seulement rationnels, mais irrationnels. Ces dernières sont appelées *transcendantes*. La circonférence et l'aire du cercle sont telles par rapport au rayon et au diamètre; mais, ce qu'il faut bien remarquer, les transcendantes se partagent en classes diverses de plus en plus élevées, parce qu'on ne saurait les exprimer les unes par les autres en termes finis. Tels sont les arcs d'ellipse, par exemple, à l'égard des arcs de cercle, parce que la rectification de la première de ces courbes ne peut être ramenée à celle de la seconde. Laplace a dit à quelques personnes qu'il en avait une démonstration rigoureuse; mais on ne l'a point retrouvée dans ses papiers. Avec cette démonstration, on eût été plus avancé par rapport à l'ellipse que pour le cercle.

Ce qu'il y a de positif sur ce dernier est la démonstration par laquelle Lambert (*Mémoires de l'Acad. de Berlin*, année 1761, p. 265), établit que *le rapport de la circonférence au diamètre est un nombre irrationnel*. Dans la note IV de ses *Élémens de Géométrie*, M. Legendre, en abrégeant cette démonstration, a fait voir que *le quarré du même rapport est aussi un nombre irrationnel*. Peut-être s'exprimerait-on plus exactement, en disant que ce rapport et son quarré ne sauraient être exprimés en termes rationnels; car il reste encore à savoir ce que peuvent être les puissances plus élevées, et s'il en existe aucune qui soit rationnelle.

Si les formes sévères du calcul n'ont pas mené plus loin, il ne faut attacher aucune importance aux considérations vagues par lesquelles Buffon a tenté d'y suppléer. (*Essai d'Arithmétique morale*, vers la fin.) Ce n'est autre chose que l'abus d'une vaine métaphysique appliquée à la Géométrie. Il en est de même de l'article *Quadrature du Cercle* dans le *Dictionnaire des Mathématiques de l'Encyclopédie méthodique.* Toutes ces idées creuses sur l'infini, qu'on veut pour ainsi dire manier, ne mènent jamais à rien de solide. On a déjà vu comment elles ont trompé les anciens, ensuite Viète et Descartes (p. 54, 27).

Je terminerai en rappelant ici la déclaration que l'Académie des Sciences, fatiguée des continuelles importunités des quadrateurs, fit en 1775 (*Mémoires de l'Acad.*, ann. 1775, *Histoire,* p. 61):

« L'Académie a pris, cette année, la résolution de
» ne plus examiner aucune solution des problèmes de
» la duplication du cube, de la trisection de l'angle
» ou de la quadrature du cercle, ni aucune machine
» annoncée comme un mouvement perpétuel. »

Cette déclaration est accompagnée de réflexions dans lesquelles Condorcet, alors secrétaire perpétuel de l'Académie, développe avec clarté et précision les motifs qui appuient la résolution qu'elle a prise.

ADDITION *à la page* 161.

Montucla ignorant où le géomètre anglais Machin avait publié ses calculs sur le rapport du diamètre à la circonférence (p. 156), n'a pu parler de la méthode suivie par ce géomètre, l'une des plus simples et des plus faciles à mettre en pratique. Elle est encore fondée sur la série qui exprime l'arc par sa tangente; mais on y détermine d'abord l'arc qui répond à une tangente exprimée par une petite fraction, et l'on répète cet arc un nombre de fois suffisant pour que le produit diffère peu de l'arc de 45°. Le choix de la première tangente étant arbitraire, on peut varier les formules ; mais ici je ne m'arrêterai qu'à un seul cas, suffisant pour bien faire comprendre et apprécier cette méthode, exposée dans le recueil intitulé *Scriptores logarithmici,* par M. Maseres (t. III, p. 158), qu'on trouve encore dans le *Développement de la partie élémentaire des Mathématiques,* par Bertrand de Genève (t. II, p. 432), et dans d'autres ouvrages plus récens.

L'arc dont la tangente $= \frac{1}{5}$, étant répété 4 fois, en donne un qui diffère fort peu de celui de 45° dont la tangente $= 1$; car la formule

$$\tan 2a = \frac{2 \tan a}{1 - \tan a^2},$$

lorsqu'on y fait $\tan a = \frac{1}{5}$, conduit d'abord à $\tan 2a = \frac{10}{24} = \frac{5}{12}$; et changeant ensuite $\tan a$ en $\tan 2a$, la même formule donne $\tan 4a = \frac{120}{119}$, fraction qui ne diffère de l'unité que de $\frac{1}{119}$: l'arc $4a$ surpasse donc de très peu celui de 45°.

Pour en découvrir l'excès, on a la formule.....

$$\tan (A - B) = \frac{\tan A - \tan B}{1 + \tan A \tan B},$$

dans laquelle on fera $\tan A = \frac{120}{119}$, $\tan B = 1$; avec ces valeurs, on trouvera $\tan g \,(4a - 45^\circ) = \frac{1}{239}$. Il suit de là que

$$4a - 45^\circ = \frac{1}{239} - \frac{1}{3\,(239)^3} + \frac{1}{5(239)^5} - \text{etc.} \,;$$

mais $\tan g \, a$ étant $\frac{1}{5}$, ou en déduit

$$a = \frac{1}{5} - \frac{1}{3.5^3} + \frac{1}{5.5^5} - \frac{1}{7.5^7} + \text{etc.},$$

et par conséquent

$$4a = 4\Big(\frac{1}{5} - \frac{1}{3.5^3} + \frac{1}{5.5^5} - \frac{1}{7.5^7} + \text{etc.}\Big);$$

puis mettant cette expression dans celle de $4a - 45^\circ$, on en tire

$$45^\circ = \begin{cases} 4\Big(\dfrac{1}{5} - \dfrac{1}{3.5^3} + \dfrac{1}{5.5^5} - \dfrac{1}{7.5^7} + \text{etc.}\Big) \\[2mm] -\Big(\dfrac{1}{239} - \dfrac{1}{3(239)^3} + \dfrac{1}{5(239)^5} - \text{etc.}\Big). \end{cases}$$

Ces deux séries sont très convergentes, la seconde surtout; et si la première l'est moins, on en est dédommagé par la facilité de son évaluation. En effet, la suite des fractions

$$\frac{1}{5}, \; \frac{1}{5^3}, \; \frac{1}{5^5}, \; \text{etc.},$$

formant une progression par quotient, dont la raison est $\frac{1}{25}$, on passera d'un terme au suivant en divisant le premier par 100, et multipliant ensuite le quotient par 4.

Vers la fin du siècle dernier, Véga poussa jusqu'à 140 décimales le rapport du diamètre à la circonférence. Le voici, tel qu'on le trouve dans l'édition du *Thesaurus logarithmorum completus* de Vlacq, donnée par Véga, en 1794 (p. 633),

3,14159 26535 89793 23846 26433 83279 50288
41971 69399 37510 58209 74944 59230 78164
06286 20899 86280 34825 34211 70679 82148
08651 32823 06647 09384 46095 50582 26136.

Ce nombre contient 13 chiffres décimaux de plus que celui qu'a trouvé de Lagny, et qui est rapporté sur la page 157. Au bas de cette page, j'ai cité, d'après Montucla, une addition de 27 chiffres décimaux qui en portent le nombre à 154; mais il n'y a que les 9 premiers qui soient les mêmes dans ces deux additions: les autres sont donc douteux. La différence tiendrait-elle à une erreur de transcription faite par Montucla? C'est ce que j'ignore, n'ayant pu remonter à la première source de l'addition qu'il rapporte. Quant à Véga, il a répété, en 1797, dans ses tables de logarithmes, en 2 vol. in-4°, le résultat ci-dessus; mais, en 1789, il en avait donné un autre, en 144 chiffres, qui diffère de celui-ci à partir de la 127ᵉ décimale : il se termine par

4767 21386 11733 138.

(*Voy.* les *Nova acta Acad. petrop.*, t. IX, p. 41 de l'*Histoire*.)

Quoi qu'il en soit, si l'on s'en tient aux 126 décimales conformes de chaque côté, l'approximation est
encore prodigieuse ; et pour en faire mieux juger, nous
reviendrons sur ce qu'on lit à la page 7, où l'on ne voit
qu'une appréciation un peu vague.

Il suffit de 16 décimales pour obtenir à moins d'un
millième de millimètre (moins de $\frac{1}{2000}$ de ligne) la circonférence d'un cercle dont le rayon serait égal à la
distance moyenne de la terre au Soleil. En effet, cette
distance est de 152688700 kilomètres ; en la doublant,
on aura le diamètre égal à 305377400 kilomètres, et
pour le convertir en millièmes de millimètres, il faut
le multiplier par le produit 1000.1000 = 1000000,
ce qui ne fera encore qu'un nombre de 15 chiffres. Si
donc on multiplie ce nombre par le rapport de la circonférence au diamètre, la 16e décimale n'influera pas
sur les unités du produit. Cette approximation est déjà
très remarquable, puisque, l'épaisseur d'un cheveu
moyen étant environ la 10e partie du millimètre, le
millième de ce dernier est à peine le centième de l'é-
paisseur du cheveu.

Que serait-ce donc si, comme l'auteur, on prenait
35 décimales, c'est-à-dire 19 chiffres de plus que ci-
dessus, de sorte que la dernière décimale ne serait
que la 10000 00000 00000 00000e partie de celle de
l'exemple précédent? Qu'on juge par là de ce que
serait l'approximation donnée par 126 décimales.
Ceci montre avec la dernière évidence combien il est
inutile de prendre la peine de démêler les paralogismes
des quadrateurs, quand on a un moyen si simple et
si sûr d'apprécier leurs inventions.

Au moment où j'écris ceci, un journal (*le Courrier français* du samedi, 24 juillet 1830) annonce une nouvelle tentative, donnant le rapport de 700 à 2207, ce qui revient à 3,15..., résultat déjà fautif au second chiffre décimal.

ADDITION *à la page* 168.

L'assertion faite par l'auteur, sur cette page, peut aisément se vérifier, en déterminant, par le moyen des séries qui expriment les lignes trigonométriques, celles de la figure 21 ; mais je me bornerai à donner le calcul numérique du cas où il s'agit de l'arc de 60°, déjà fort grand.

Soit $CB = ea = 1$, $BF = v = $ sinus verse de BG ; on aura $CF = 1 - v$, $eF = 3 - v$, $eB = 3$; et puisque $eF : FG :: eB : Bh$, il viendra $Bh = \dfrac{3\sqrt{2v - v^2}}{3 - v}$. Mais comme $AE = CB - \dfrac{1}{5} BF = 1 - \dfrac{1}{5}v$, on en conclura $EF = AE + AF = 1 - \dfrac{1}{5}v + 2 - v = 3 - \dfrac{6}{5}v$; et la proportion $EF : FG :: EB : BH$ donnera

$$BH = \frac{\left(3 - \dfrac{1}{5}v\right)\sqrt{2v - v^2}}{3 - \dfrac{6}{5}v} = \frac{(15 - v)\sqrt{2v - v^2}}{15 - 6v}.$$

Si l'on fait $v = \dfrac{1}{2}$, ces formules conduisent à.....

$$Bh = \frac{3\sqrt{3}}{5} = 1,0392305, \quad BH = \frac{29}{48}\sqrt{3} = 1,0464473.$$

Ces deux valeurs ne diffèrent que d'environ 0,007 ; or,

l'arc de $60° = \frac{1}{3}$ de 3,1415926 étant 1,0471975, on voit qu'il excède peu les lignes Bh et BH, et qu'il approche beaucoup plus de la seconde que de la première.

ADDITION *à la page* 223.

Ce morceau de Géométrie est le plus ancien de ceux qui nous ont été transmis avec un nom connu et une date certaine : c'est ce qui rend précieuse pour l'histoire de la science cette partie du commentaire d'Eutocius sur les œuvres d'Archimède. Celui-ci, après avoir trouvé la mesure du volume de la sphère, se propose de déterminer le rayon de celle dont le volume est égal à celui d'un cylindre ou d'un cône donnés (*Archimed.*, *De sphæra et cylindro*, lib. II, prop. 2), ce qui revient à résoudre une équation du 3e degré à deux termes ; car *a* étant le rayon de la base, soit du cylindre, soit du cône, *h* leur hauteur, π le rapport de la circonférence au diamètre, et x le rayon de la sphère cherchée, on a pour le cylindre, $\frac{4}{3}\pi x^3 = \pi a^2 h$,

et pour le cône, $\frac{4}{3}\pi x^3 = \frac{1}{3}\pi a^2 h$, équations qui reviennent à $x^3 = c$. (*Voyez* p. 218, note.)

On peut être surpris de lire au commencement du § V, que « la solution de Platon a le défaut de ne » pouvoir être avouée par la Géométrie, » quand on voit plus loin (p. 232), les éloges que notre auteur donne à la solution de Nicomède, laquelle suppose aussi l'usage d'un instrument. Celui-ci peut être plus commode que le châssis proposé par Platon ; mais il n'en est pas moins une machine différente de la règle et du compas, seuls admis dans la solution graphique rigoureuse des problèmes de Géométrie.

Au fond c'est toujours une courbe qu'il faut décrire; et il est aisé de saisir la génération de celle qui répond à l'usage du châssis représenté dans la figure 25*.

Quand on le place au hasard, en mettant la base FG sur le point E (*fig.* 25* et 25), et l'un de ses angles sur BA, en un point quelconque D, puis qu'on fait mouvoir la traverse jusqu'à ce qu'elle passe par le point A, l'angle droit C peut tomber sur une infinité de points différens. Cette opération revient à mener arbitrairement la droite ED (*fig.* 49), puis à élever d'abord sur celle-ci une perpendiculaire indéfinie DC, sur laquelle on en abaisse ensuite une du point A, et l'on marque le point de rencontre C de ces deux perpendiculaires. En donnant diverses positions à la ligne ED, et répétant la construction que l'on vient d'indiquer, on trouvera autant de points C′, C″... qu'on voudra de la courbe décrite par l'angle du châssis, lorsqu'on le fait mouvoir pour arriver dans le prolongement de BE.

Pour obtenir l'équation de cette courbe, on fera $AB = a$, $BE = b$, $AP = x$, $PC = y$; on aura

$$PC : AP :: BE : BD, \quad \text{ou} \quad y : x :: b : BD = \frac{bx}{y} ;$$

et comme le triangle rectangle DCA donne.......
$\overline{AP} \times \overline{PD} = \overline{PC}^2$, et que $PD = AB + BD - AP$, il vient

$$x\left(a+\frac{bx}{y}-x\right)=y^2, \text{ ou } y^3+x^2y-axy-bx^2=0.$$

Cette équation appartient à la 34ᵉ espèce dans l'énumération des lignes du troisième ordre, faite par Newton (*Opuscula*, t. Iᵉʳ, p. 258). Elle est représentée dans la figure 5o.

La solution du problème de la duplication du cube, répondant au cas où l'angle droit C (*fig.* 49) tombe sur la ligne BE, c'est-à-dire à l'intersection de cette droite et de la courbe CC'C″, alors $x = a$, ce qui réduit l'équation précédente à $y^3 = a^2b$.

La lettre d'Ératosthènes, citée p. 23o, est un monument curieux de la Géométrie ancienne. On y voit l'importance qu'on attachait alors au problème de la duplication du cube, puisque ce géomètre appendit dans un temple l'instrument qu'il avait imaginé, et qu'il le crut digne d'être consacré à la divinité. Sur la colonne qui portait cette offrande, était gravé le résumé de la démonstration du procédé. Enfin, il célébra sa découverte par une épigramme qu'Eutocius nous a conservée et dont Montucla a fait mention à la page 225; mais comme il n'y en a point de version latine dans l'édition d'*Archimède* par Torelli, j'ai cru devoir rapporter la traduction que M. Reimer a donnée à la page 147 de l'ouvrage que j'ai cité p. 217.

Si cubum brevi tempore duplum, o optime, construere
Vis, ita ut omnis figura solida in aliam
Bene possit transformari : hoc tibi perficietur, et si stabulum,
Aut granarium subterraneum, aut cavæ cisternæ altum spatium
Hoc (instrumento) metiri velis, quando medias terminis extremis
Concurrentes intra duplices sumseris regulas.

Ne tu Archytæ difficillimis operationibus cylindrorum ,
Ne Menæchmæis in cono secandis ternariis
Operam impendas; neque si qua divini Eudoxi
Curva in lineis species describitur.
Hisce autem in tabellis media infinita construas
Commode, inde a parvo fundo exorsus.
Felix Ptolomæe pater, quod filio una pubescens,
Quæcunque et Musis et Regibus cara sunt,
Ipse largitus es ! Imposterum autem , ô cœlestis Jupiter,
Et sceptra ex tua accipiat manu !
Et hæc quidem ita perficiantur! Dicat autem quis donarium videns:
Cyrenæi hoc est Eratosthenis.

Le prix qu'Ératosthènes mettait à son invention
pouvant faire désirer de savoir en quoi elle consiste,
nous allons suppléer à l'omission que notre auteur a
faite sur ce sujet.

Soient trois planches rectangulaires ABCD (*fig.* 51),
A′B′C′D′, A″B″C″D″, de même hauteur et glissant
entre des rainures parallèles, AB″, DC″, en sorte que
la planche du milieu A′B′C′D′ étant fixe, on puisse
faire avancer sur celle-ci la première ABCD, tandis
qu'on fait passer dessous la troisième A″B″C″D″. Par
suite du recouvrement de ces planches, la première
cache une partie de la diagonale de la seconde, et
celle-ci une partie de la diagonale de la troisième.
C'est ce que montre la figure 52, dans laquelle les
lignes ponctuées A′D′, A″D″ marquent les bords ca-
chés par le recouvrement, E et E′ les intersections des
diagonales avec les bords BC et B′C′. Cela posé, si AD
représente l'une de grandeurs données, E″C″ l'autre,
et que les planches aient été disposées de manière que
les points E et E′ tombent en ligne droite avec les

points A et E″, les lignes EC et E′C′ seront les moyennes cherchées.

En effet, les triangles semblables DAC, CEC′, C′E′C″, donnent d'abord

$$AD : CD :: CE : CC', \quad AD : CD :: C'E' : C'C'' ;$$

d'où $CC' = \dfrac{\overline{CD} \times \overline{CE}}{AD}, \quad C'C'' = \dfrac{\overline{CD} \times \overline{C'E'}}{AD} ;$

mais pour que les points A, E, E′, E″ soient en ligne droite, il faut que l'on ait

$$\frac{AD - CE}{CD} = \frac{CE - C'E'}{CC'} = \frac{C'E' - C'E''}{C'C''},$$

or, si l'on met pour CC′, C′C″, leur valeur, la largeur CD de la planche ABCD disparaîtra comme diviseur commun; il viendra

$$AD - CE = \frac{(CE - C'E') AD}{CE},$$

$$AD - CE = \frac{(C'E' - C'E'') AD}{C'E'};$$

faisant évanouir les dénominateurs, et réduisant, on trouvera

$$\overline{CE}^2 = \overline{AD} \times \overline{C'E'}, \quad \overline{CE} \times \overline{C'E'} = \overline{AD} \times \overline{C''E''},$$

ce qui donne les proportions

$$AD : CE :: CE : C'E', \quad AD : CE :: C'E' : C'E'',$$

qui reviennent à

$$AD : CE :: CE : C'E' :: C'E' : C'E''.$$

Je terminerai en observant qu'il faut ajouter aux

sources indiquées par Montucla, le recueil intitulé *Veterum Mathematicorum Opera*, dans lequel se trouvent les solutions de Héron d'Alexandrie (p. 143) et de Philon de Byzance (p. 52), et en rappelant que Descartes, dans le second livre de sa *Géométrie*, et au commencement du troisième, donne un procédé pour obtenir, par une combinaison d'équerres, autant de moyennes proportionnelles qu'on voudra, entre deux grandeurs données.

FIN DES ADDITIONS.

TABLE ALPHABÉTIQUE
DES MATIÈRES.

A

H

Héron d'Alexandrie. Sa solution du problème des deux moyennes proportionnelles, p. 230, 290.

Hippocrate de Chio. Cherche la quadrature du cercle, et trouve sa lunule absolument quarrable, p. 37. Mauvais raisonnement qu'on lui attribue, et sa justification, p. 38 ; sa remarque sur le problème des deux moyennes proportionnelles, p. 218.

Hobbes. Prétend avoir trouvé la quadrature du cercle, la duplication du cube, etc. Réfuté par Wallis, il s'en prend à la Géométrie et veut la réformer entièrement. Il entasse mille pitoyables réponses, p. 208.

Huygens. Son livre intitulé *De circuli magnitudine inventâ.* Il y perfectionne les inventions de Snellius, p. 70. Approximations géométriques qu'il y donne de la circonférence et des arcs de cercle, p. 71. Autre ouvrage du même auteur, savoir, *Theoremata de quadraturâ hyperboles, ellipsis et circuli.* Ce qu'il contient, p. 76. Il réfute Grégoire de Saint-Vincent, p. 88. Sa querelle avec Gregory, p. 101.

I

Inscription grecque. Voyez *Nikon.*

Intégral. Voyez *Calcul intégral.*

Interpolations (méthode des), inventée par Wallis. Ce que c'est, p. 115. Usage qu'il en fait pour la quadrature du cercle, et ce qu'il en retire, p. 118. Newton la perfectionne, et elle le conduit au calcul intégral, p. 127.

K

Kochanski (le père). Approximation géométrique fort élégante qu'il donne pour la circonférence du cercle. p. 77, note.

L

M

N

T

V

W

FIN DE LA TABLE DES MATIÈRES.

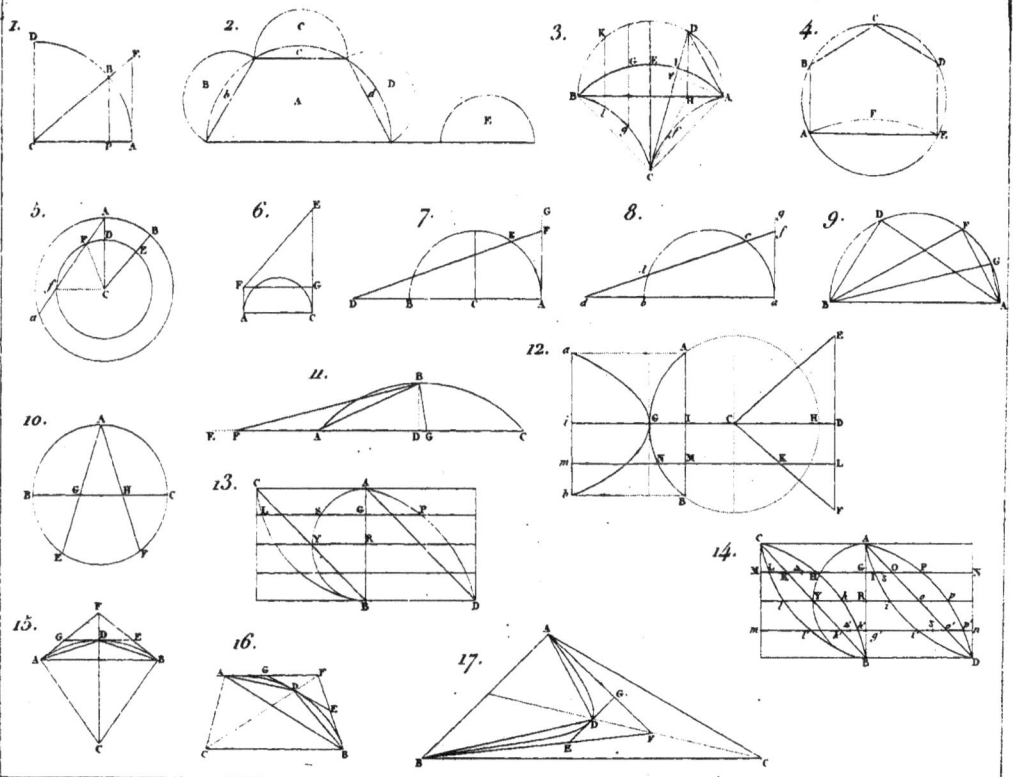

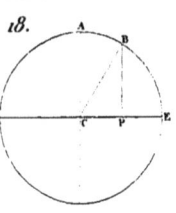

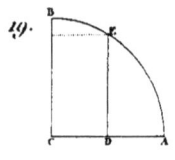

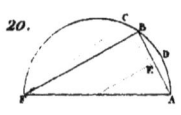

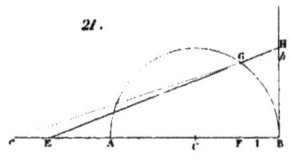

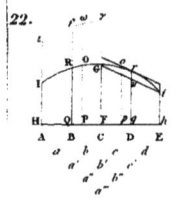

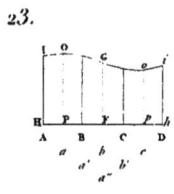

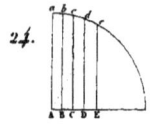

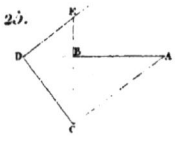

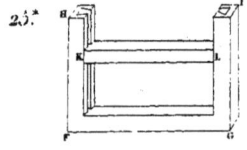

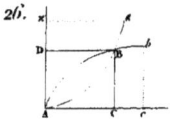

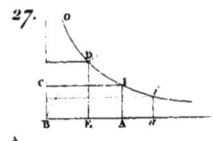

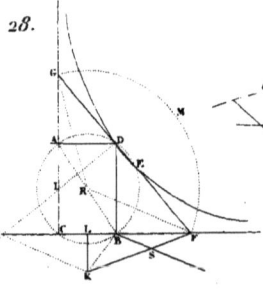

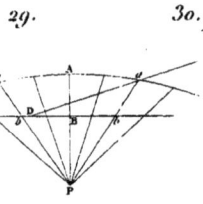

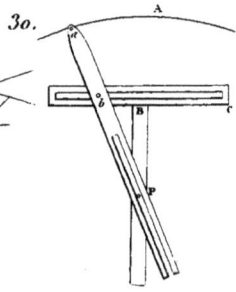

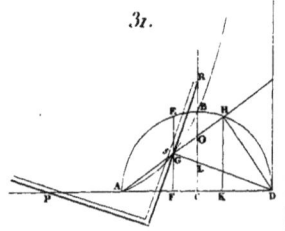

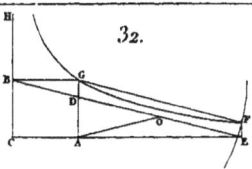

32.

33.

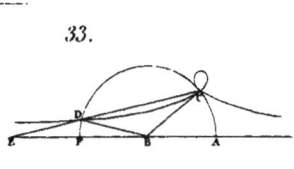

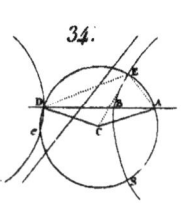

34.

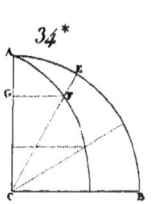

34*

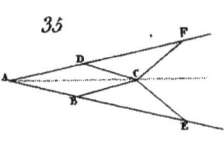

35

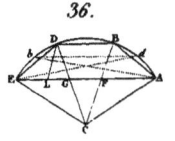

36.

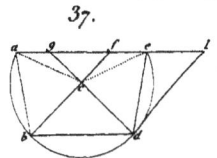

37.

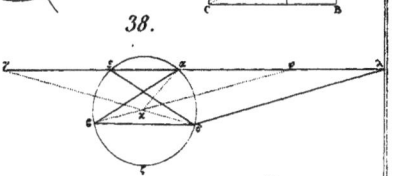

38.

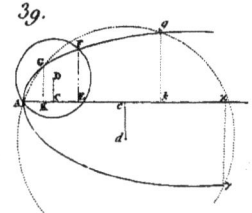

39.

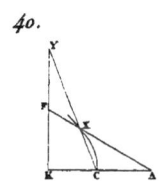

40.

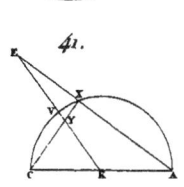

41.

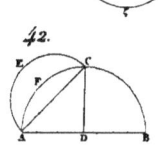

42.

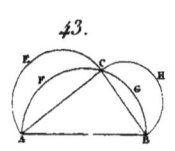

43.

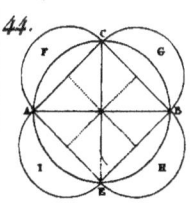

44.

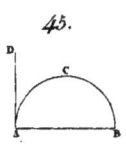

45.

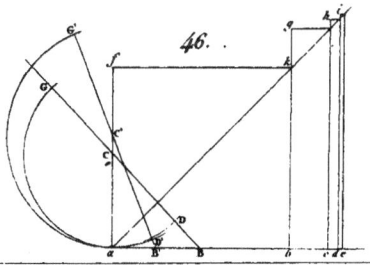

46.

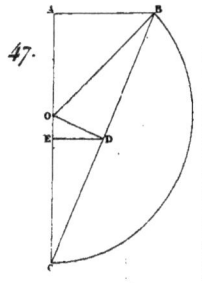

47.

48.

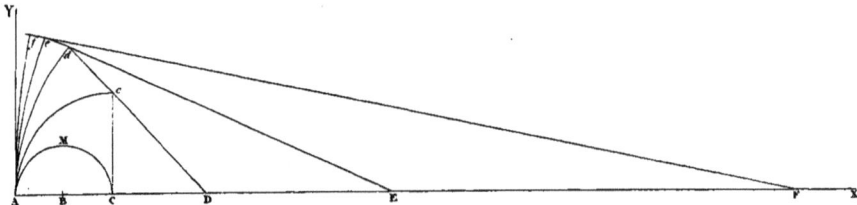

49.

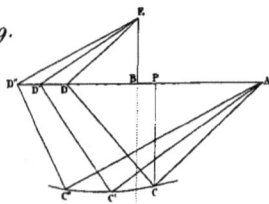

5o.

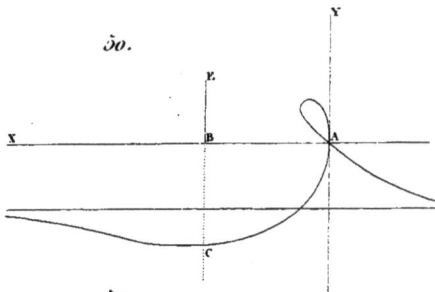

51.

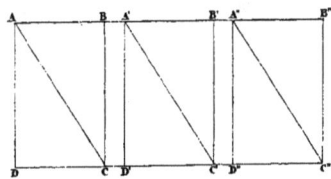

52.

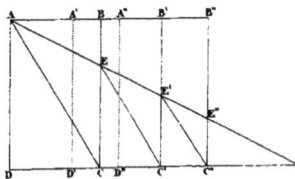